心理减压法

"推开心理咨询室的门"编写组 编著

中国纺织出版社有限公司

内容提要

现代社会，随着竞争的日益激烈、生活成本的提高及生活节奏的加快，人们面临的压力越来越大，经常感觉生活不快乐、内心烦躁苦闷。不堪背负的生活之重往往压得我们喘不过气来。此时，我们急需找到一种卸下压力的方法，进而调整心态。

本书从心理学的角度出发，针对现代社会中忙得晕头转向的人们，帮助他们进行心理检测，挖掘出压力产生的根源，进而找到适合自己的解压方法，调整好心态，以更轻松愉快的状态面对未来的生活和工作。

图书在版编目（CIP）数据

心理减压法／"推开心理咨询室的门"编写组编著. -- 北京：中国纺织出版社有限公司，2024.7
ISBN 978-7-5229-1580-7

Ⅰ.①心… Ⅱ.①推… Ⅲ.①心理压力－调节（心理学）－通俗读物 Ⅳ.①B842.6-49

中国国家版本馆CIP数据核字（2024）第067484号

责任编辑：柳华君　　责任校对：王蕙莹　　责任印制：储志伟

中国纺织出版社有限公司出版发行
地址：北京市朝阳区百子湾东里A407号楼　邮政编码：100124
销售电话：010—67004422　　传真：010—87155801
http://www.c-textilep.com
中国纺织出版社天猫旗舰店
官方微博：http://weibo.com/2119887771
天津千鹤文化传播有限公司印刷　各地新华书店经销
2024年7月第1版第1次印刷
开本：880×1230　1/32　印张：7
字数：105千字　定价：49.80元

凡购本书，如有缺页、倒页、脱页，由本社图书营销中心调换

前言

现代社会，随着生活节奏的加快，竞争日趋激烈，经济压力逐渐增大，人们穿梭于闹市之间，面临生活中的许多危机，以至于无法排解内心的压力，甚至有些人难以调适自己的内心而产生心理问题。长此以往，消极应对及负面情绪会使个体出现诸如焦虑、抑郁、神经衰弱、轻度躁狂等心理疾病，不但影响自己的生活、工作，而且会对家人造成伤害。

的确，生活中的大部分人，无论是哪个年龄阶段，何种生活状态，都在不断地做选择，压力也逐步加大。现代生活节奏越来越快，人们顾及的事情越来越多，生活、工作赋予了我们太多的责任与义务。各种压力交织在一起，经常让我们喘不过气来。

事实上，现代人已经迫切地在寻求一种心理减压方法，这不仅在于人们面对的压力有多大，而是事实上，不少人已

 心理减压法

经开始出现了身心健康问题,有的甚至已经产生心理疾病。通常来说,人们认为,所谓的健康就是身体健康,其实不然,身心和谐统一的健康才是真的健康。越来越多的人处于亚健康状态,这一所谓的亚健康状态也包括心理上的不健康,而究其原因就是压力大。当压力袭来时,人们内心备感失落、焦虑、沮丧、压抑,这就是健康心理趋于消极的开端。那么,如何保证身心和谐统一的健康呢?关键是学会减压!

要有效地减压,首先我们要正确地看待压力。其实压力并不是一个贬义词,如果我们认为压力是负面的、消极的,那么,我们只会被压力压得喘不过气来,而如果我们能积极、正面地看待压力,压力就会督促我们去解决问题,让我们变得更好。

身处高度竞争的现代社会,我们所面对的压力都是难以避免的,只要正确对待,这些压力就会成为我们前进的动力。另外,我们不必太过于紧张,只要把握好自己的心态,正确应对,有技巧地减压,就会促使压力转化为动力。

此时,你可能需要一名导师来指引你如何减压,本书从心理学的角度出发,深层次剖析心理压力的根源及形成原

因，介绍各种减压方法，让你有针对性地解决自身压力，进而以轻松自然的心情面对新生活。

编著者
2023年10月

目录

01 兴趣减压法：沉浸于兴趣中让你放松身心 ······ 001
  不快乐的时候，购物可以让你开心 ············ 002
  减压日记，把烦恼写下的时候也就放下了 ········ 007
  走进大自然，让心静下来 ·················· 011
  读书减压，从书本中找到放松的秘诀 ············ 014
  六个生活小情调，助你轻松减压 ·············· 019

02 审视内心：你的承受力由心理决定 ············ 025
  害羞——焦虑情绪带来的压力 ················ 026
  恐惧——不敢迈出第一步 ·················· 032
  悲观——消极负面的情绪无处遁形 ············ 036
  虚荣——越是比较，越是痛苦 ················ 041
  孤独——内心寂寞，无处倾诉 ················ 045

心理减压法

03 情绪宣泄法：为压力找到正确的排解方式 …… 049
哭并不是懦弱的表现，而是减压的方式 ………… 050
大声笑出来吧，获得心理自愈 ………………… 055
建立发泄室，宣泄出你的愤怒 ………………… 061
忙碌的人，无暇痛苦 …………………………… 066
用美食抗拒压力，"吃货"哪有什么不快乐 …… 070

04 强健体魄：身体强大心灵才会强大 ………… 075
健康饮食，健康减压 …………………………… 076
运动起来，让身体焕发活力 …………………… 080
做个 SPA，全面放松你的身体 ………………… 084
一杯花茶，舒缓内心所有不快 ………………… 089
瑜伽，静态减压运动 …………………………… 093

05 心灵检索：挖掘内心深处的心理压力 ……… 097
心理压力越大，越容易被负面情绪侵袭 ……… 098
自我检测，看自己是否被压力困扰 …………… 102
情绪压力来袭，如何巧妙疏导 ………………… 105
心理压力过大，会影响人的身体健康 ………… 108
压力也是动力，适当的压力有推动作用 ……… 112

06 忙中偷闲：给自己放放假 117
拨弄花草，烦恼自然淡忘 118
抓住零碎时间，让生活更充实 122
闲暇时光，约上三五好友 126
看电影听音乐，在艺术世界里徜徉 129
因人而异，找到属于你的减压方式 133

07 透视性格：有什么样的性格，就有什么样的忧虑 139
怀疑型——尝试着信任，才能收获安全感 140
完美型——缺憾才令人生更完整 144
自我型——自怜何来轻松快乐 149
较真型——凡事别过分执着 154
全爱型——千万别做老好人 157

08 职场减压法：不要被工作的烦恼所累 163
找到压力根源，彻底歼灭它 164
工作越高效，压力越小 168
工作中多沟通，善于寻求帮助 173
做时间的主人，让压力减半 178
享受当下的工作，自然能减小压力 183

09 寻根究源：你的压力到底是从哪里来的 ……… 189
　　做事方式不正确，易产生疲劳 …………… 190
　　不良的生活习惯会造成精神紧张和压力 …… 195
　　看重疲惫感，疲惫就会找上你 …………… 200
　　不要总把自己看成中心人物 ……………… 204
　　塞利格曼效应，谁制造了绝望 …………… 209

参考文献……………………………………… 214

01

兴趣减压法：沉浸于兴趣中让你放松身心

　　人应该有自己的兴趣和爱好，以此来丰富自己的生活，释放自己的身心，让自己有个健康的生活方式。如果一个人的生活只有上班、吃饭、睡觉，这样三点一线的生活一定是没有颜色的、苍白的。

 心理减压法

不快乐的时候，购物可以让你开心

很多人在心情不好时会选择购物以减轻压力，事实上，购物对减压是很有效的。在购物时，购物者几乎完成了一次角色转换，从平时在工作中服务于他人的角色转换为销售员口中的"上帝"，尊严感在购物的过程中得到了极大的满足。而且，在购物的时候，特别是女性朋友购物，大多保持高度专注的注意力，这时人们完全忘记了前一分钟还在担忧的事情。因此，当人们买到自己心仪的商品时，尤其是女性买到自己喜欢的衣服时，会特别高兴，有一种强烈的成就感，因为美丽的衣服可以增添自己的风采。这个购物的过程就是一种非理性的行为，是对自身压力的一种释放。

的确，在购物心理上，男人和女人是不同的，男人通常买东西都是直奔主题，看中合适的，直接掏钱买东西。而女人逛街则看心情，当她们心情不好时，购物是她们经常选择的发泄方式。

一般情况下，多数人都喜欢购物。逛街也无疑是一种

01 兴趣减压法：沉浸于兴趣中让你放松身心

很好的心理宣泄的方式，但也有一类人，往往满载而归，却对自己的"战利品"不太满意，常常陷入一种不买难受，买了后悔的矛盾中，这类人常自嘲为购物狂。从心理学角度分析，购物狂和暴食症、偷窃癖一样，都属于冲动控制疾病范畴。疯狂购物的内在原因来自对商品的病态占有欲。尽管购物是减压的一个途径，但适度的购物是可以的，过度的购物只会成为一种病态行为。

小凤是典型的购物狂，最多的一次去商场买了30多件衣服，一直逛到最后一家商场打烊。她每个月在购物方面就要花费上万元，基本上一看到喜欢的东西就买，信用卡曾经被刷爆3次，她已经无法计算出几年下来因购物花掉的钱到底有多少了。

对小凤来说，购物是一个很享受的过程。她管理公司的工作常常会带来很大的压力，每当心里不舒服或感到烦恼的时候，她就会选择疯狂购物。当她站在试衣镜面前，深切地感受到"人靠衣服马靠鞍"这句俗语是多么的贴切时，内心的欣喜是无法言说的。享受的过程并没有因为购物结束而结束，相反，回家之后各种战利品的试穿和搭配又会让她内心高兴一把，而接下来的几天，朋友、同事因为小凤穿着漂

003

心理减压法

亮衣服而赞不绝口,她内心的这种满足感和虚荣心再次得到发酵。

在小凤看来,这种"减压、愉悦"的方式成为其疯狂购物背后的强大精神动力,她在购物的瞬间会感到莫名的快乐,当然,购物也成为她减压、寻找快乐的最好途径。

购物狂过度购物,内在根源也来自外在压力。现代社会对人的要求越来越多,不仅要外表光鲜,拥有事业,还不能丢掉贤良温顺、勤俭持家的传统美德,因此,职场中有些白领面临着很大的生活和工作压力,购物就成了他们宣泄压力和负面情绪的通道之一。另外,作为下属没有能力控制自身的工作量,没有办法操控主管给自己带来的压力,或者生活中有很多身不由己的事情,让他们面临很大压力。这种无助感让这些人内心极其渴望能控制和把握一些东西,购物则很好地契合了这一需求。

心理专家称:"当人无法控制自己的消费欲望,而是进入一种购物上瘾、强迫自己消费的状态时,这就不仅是一种过度消费了,而是一种病态购物症,在国外被广泛定义为'强迫性购物行为',甚至需要及时接受指引和治疗。"那么,如何辨别自己是否属于购物狂呢?又该如何防治这种心

理疾病呢？

购物狂的典型特征是：见到喜欢的就买，买完了又后悔和自责，然而这种感觉转瞬即逝，他又投入了下一轮购物战斗中。"购物狂"分为**缺乏自制力的冲动消费型**、**由嗜好变成沉溺上瘾的过度消费型**、**"耳根软"的被动消费型**、**减弱空虚感觉的逃避消费型**、**只爱名店的崇尚名牌型**、**因贪便宜而大量购买的疯狂讲价型**六种类型。

如果你是一个购物狂，那么，你需要进行以下心理调整：

1. 认清压力的来源

减轻压力是"购物狂"进行心理调整的第一步，只有认清压力的来源，找到适合自己的方法，才能够从根本上解决这个问题。

当你发现自己有购物狂式的购买冲动时，不妨尝试一下其他比较合理的压力宣泄的方式。宣泄的途径很多，性格外向的人可以找个地方高声大叫；性格内向的人可以把心中的不快写在纸上，寄给远方的朋友。

2. 行为主义的疗法

给购物狂制订购物计划，让他们尽量少带钱出门。并且对于较严重的人群建议与心理咨询师多沟通，可以和咨询师

 心理减压法

之间制订一个协议，完成一个阶段的协议再去制订下一个协议。购物者还可以选择结伴出行的方式，让身边的人督促自己进行合理消费。

3. 合理搭配财务开支和购物计划

购物的实际开支最好不要超过最大承受能力的20%，这样购物后，花销所带来的内疚感不至于影响到所获得的愉悦感，同时还能起到警示作用，有助于理性消费。

减压启示

疯狂购物的内在原因来自对商品的病态占有欲，内在根源也来自外在压力。事业的压力、工作的挑战、家庭的拖累、身不由己的环境，让购物成了人们宣泄压力和负面情绪的通道之一。"购物狂"其实是一种病态的消费心理，带有强迫症的色彩，需要及时接受指引和治疗。所以，如果你选择购物来减压，那一定要是适度的购物，而非疯狂购物。

减压日记，把烦恼写下的时候也就放下了

压力是当我们处在不确定的情境下，或是预计有很多重要的事情到来之前的情绪反应。假如最近工作压力比较大，但又没有达到看心理医生的地步，那不妨写写减压日记，把烦恼写下来。摆脱压力的困扰，最有效的做法就是降低焦虑，转移注意力是最重要的方法。有时候感觉到了压力带来的困扰，却总是没办法找到压力的源头。那么，写日记就是一个不错的方法，它可以帮助我们找到压力之源，确定压力是从何而来，从而使我们的生活有较大的改善。我们把烦恼写在日记里之后，就会感觉内心的沉重负担已经卸下，留在日记里了，顿时感觉身心轻松，这是减压日记的最大益处。内心的烦恼就是一种重担，如果你不想办法缓解，就会身心俱疲，甚至会患上一些心理疾病。

写日记本身就是一个倾诉的过程：在向日记本倾诉。当孩子进入青春期，他们的内心就有了很大的变化，这时候他们开始写日记，把自己开心或不开心的事记录下来，锁在日

 心理减压法

记本里。日记本里记载了每个孩子青春期的烦恼，也承载了孩子们青春期的成长压力。所以，写日记就是一个倾诉的过程，而且对象只是一个日记本，完全不用担心它会泄密。

医院有一本出名的"减压日记"，这些年来，通过写减压日记，这些医护人员很好地缓解了工作上的压力。

"真累，抢救回病人一条命，自己也快要被人抢救了！""没关系，休息休息就可以继续奋斗了。""送病人去做检查，手指被门夹了一下，肿了。""哈哈，没事吧？"这两段互动对话就是在那本著名的减压日记中找到的。

原来，这些日记本的最初作用是医护人员用来记载工作信息的，由于医院工作的特殊性，这里的工作人员几乎都是几班倒，许多同事相互之间一周也没能见上几面。遇到一些重要的通知或紧急的病情，就会把内容写在上面，交代给下一个来换班的工作人员。之前写在黑板上，后来为了避免隐私泄漏，就写在一个本子上。

渐渐地，日记本成了大家工作中不可缺少的一部分，内容也丰富多彩起来。工作交代、气象预报、心情记录、烦恼倾诉……都被写在了上面，这就成为名副其实的减压日记。

01 兴趣减压法：沉浸于兴趣中让你放松身心

减压日记是袒露心事、缓解压力的最佳途径。尤其是当自己遇到一些难以启齿的麻烦事情，跟朋友倾诉也不妥当，跟父母说会给他们增加心理负担时，那就写在日记里吧。在写日记的过程中，我们会清晰地记录当时的事情状况以及感受，当把所有的事情都理顺一遍，最后会发现这件事情本身并非那么令人难过，内心的压力也会得到舒缓。

1. 准备日记本

当你开始写日记，需要先准备一本空白的笔记本或日记簿。如果你之前没有写日记的习惯，那可以先以一周为单位，将自己生活中所遇到的烦恼都一一记录下来。经过一周之后，假如你感觉这种方式比较适合自己，而且压力也减轻了不少，那就可以坚持写下去。当然，为了方便详细地记录，你可以将日记本每页按照时间段分为几栏，如"上午""下午""晚上"等。

2. 将所有的事情尽可能记录下来

应该将每天所发生的事情尽可能地全部记录下来，特别是当压力症状出现的时候，更应该仔细记录下来。当压力来袭的时候，你自己的感觉是怎么样的，一定要认真地记录下来。即便没有感受到压力，也需要每天记一下自己经历的事情以及当时的感受。

3. 事后再来分析当时的压力

一周时间过去了，你可以回过头来翻看之前的日记，注意查看自己在什么时候会感到压力重重，什么时候心情又开始得到缓解。在日记里，你可以找到一些其他的舒缓压力的方式，如在购物时不会感到什么压力，那就尽可能地选择安静一点的时间去购物；如果你觉得和家人在一起很温暖快乐，那就每天尽量多花一些时间去陪伴他们。当然，一周后再来查看当初令你感到压力的事情，你会觉得不过如此。

减压启示

当一个人压力大了就需要发泄一下，但是如果拿身边的人来撒气，会让无辜的人受到伤害，那么最好的办法就是向日记本倾诉。一项研究发现，人们只要将自己的不快在纸上书写20分钟，就可以减少很多的压力。所以，赶紧用笔和纸来倾诉你所有的不愉快和烦恼吧！

01 兴趣减压法：沉浸于兴趣中让你放松身心

走进大自然，让心静下来

古语说："春有百花秋有月，夏有凉风冬有雪。若无闲事挂心头，便是人间好时节。"这是浅显简单的道理，只有回归到大自然，我们的情绪会变得平和起来，而那些一直存在的消极情绪则会如灰尘般渺小。在生活中，物质和财富并不能让内向者的心情变得好起来，它恰恰起到了相反的作用。人们在没有事业、没有财富的时候，往往会将事业和财富当作好心情的保障，他们总是因缺乏这些东西而产生坏心情。其实，这只是一厢情愿的想法。大多数的人终日郁郁不安，这时不妨投入大自然的怀抱，寻找一处心灵的庇护之所。

社会的复杂让我们失去了生命的自由空间，生活在这种复杂的环境中，忧虑和烦恼空前地膨胀着，我们只是不停地工作，从来没有闲暇时光，最终导致心灵干枯了。虽然我们看似得到了许多享乐，但那却不是幸福；拥有许多方便，但那却不是自由。我们几乎已经忘记了该如何享受生活，但若是回到大自然，我们的心灵将变得宁静而充盈，那种清晰

 心理减压法

的感觉唤起了我们对过去所有美好的回忆，幸福的感觉涌上来，那些糟糕的感觉早已经被覆盖而不知所终。

1. 大自然使心灵恢复平静

大自然里有什么呢？新鲜的空气、纯净的蓝天、迷蒙的烟雨、柔和的月光、连绵的青山、潺潺的流水……这一切都是美好而祥和的，它带给我们的是心灵上的平静，就好像缓缓流动的水，带走了一直积压在心底深处的坏心情。大自然的美对每个人而言都是平等的，越是自然的东西，就越是接近生命的本质。

2. 大自然使心灵得到滋养

只要我们能敞开怀抱，拥抱大自然的祥和与宁静，我们就可以真正地放下心中的牵挂和忧虑，在自然的怀抱中获得自在。在大自然的熏陶中，我们早已放下欲望，干枯而缺乏营养的心灵在自然的馈赠中获得了滋养。在大自然的怀抱中，只要我们拥有平常心，不必付出任何代价，就可以享受美好的心情。

减压启示

千百年来，人们一直遵循着天人合一的精神，人类应该感恩大自然，珍惜大自然，爱护大自然，享受大自然，这样

01 兴趣减压法：沉浸于兴趣中让你放松身心

才能在自然中找到丢失已久的快乐和宁静。如果我们的心情变得很差，那不妨投入大自然的怀抱吧，在这里会忘记所有的烦恼，重新领悟生活的快乐与幸福，同时，也可以治愈我们心灵所有的伤痛，让坏心情如尘埃般渺小。

 心理减压法

读书减压,从书本中找到放松的秘诀

俗话说:"开卷有益。"阅读不但可以使人增长知识,提升个人修养,其对我们的身心健康也是非常有益的。事实上,阅读更是一种减压的方式,会给我们的身心带来意想不到的惊喜。在日常生活中,人们会因为生活和工作遭受多重压力,而阅读可以有效地释放内心的压力,从而让一个人回归平静。然而对于现实生活中的我们,估计已经很久没有读书了,每天对着电脑或手机刷微博、看网页已经成为习惯,正因如此,内心才会越来越焦虑。

英国读书俱乐部委托萨赛克斯大学的"心智实验室"进行研究发现,在各种减压方式中,阅读效果是最佳的,通常在6分钟内就能使压力水平降低68%,比听音乐和散步效果都好。因为当一个人在阅读时,思绪会集中在文字上,紧张的身心可以因此得到放松。如同身体上的肌肉一样,我们的大脑也需要通过锻炼而变得更强壮和健康。一些研究发现,阅读可以让一个人的大脑保持活跃和忙碌,从而预防衰老。

01 兴趣减压法：沉浸于兴趣中让你放松身心

美国前总统杜鲁门曾经在回忆罗斯福时如是说："在经济动荡和战争时期，我只看到罗斯福总统开怀过两次。一次是听到诺曼底胜利的消息，另一次是读到斯托特的小说。"

斯托特，就是被誉为"美国古典侦探小说三大家"之一的雷克斯·斯托特，因为在《被书谋杀》《被埋葬的恺撒》等侦探小说中塑造了一个喜爱种植兰花、身体超重、性格古怪的私家侦探尼禄·沃尔夫而出名。除了斯托特，英国女作家多萝西·L.塞耶斯的侦探小说也是罗斯福总统的最爱。

在经济大萧条时期，罗斯福就是依靠塞耶斯的《五条红鲱鱼》《证言疑云》《剧毒》等小说排遣心中的压力。如今塞耶斯和斯托特的作品都被打上了"罗斯福总统减压书"的标签。

其实，不只是罗斯福，杜鲁门也偏爱通过阅读侦探小说减压。身处美国侦探小说写作的黄金时期，杜鲁门也为斯托特笔下的"尼禄·沃尔夫"倾倒，在处理风云变化的政治风波之余，读一读斯托特的《门铃响起》是杜鲁门最大的乐趣。

驰骋NBA赛场多年的勒布朗·詹姆斯曾在接受媒体采访时透露，自己会在季后赛中选择屏蔽外界干扰，尽可能地减少大脑的负担，但是他会阅读书籍，通过读书来减压。美国

 心理减压法

一项研究发现，喜欢阅读的人，生活作息更合理，饮食习惯更健康。因为通过阅读，他们一方面从书中学到了很多有用的知识；另一方面阅读能让他们更加热爱生活。

2015年夏天，一本成人填色书《秘密花园：一本探索奇境的手绘涂色书》掀起了一股购物狂潮、填色风潮。这本由英国著名插画家汉娜·贝斯福创作的书只有264个字，共96页。这96页是作者手绘而成的黑白线稿，其间藏有各种令人着迷的风景。人们购买后，可以根据自己的喜好对其进行填色，创作出独一无二的画作。

这本书可以让普通人也能体验做艺术家的感觉，哪怕没有任何绘画功底，不过同一幅底稿，不同的色彩搭配却可以创造出完全不同的作品。这和纯文字的书有所区别，有一种轻松的感觉。

人们在填色的过程中，不用太费脑力，只需要将注意力集中在小事情上，就可以从悲伤、紧张等负面情绪中摆脱出来。而且，在涂色过程中，还会感受到童年的怀旧感，这是一种心理暗示，毕竟在快乐的童年里很少会有压力。

网络时代，我们需要在较短的时间里完成很多事情，诸如查看邮件、同时与很多人聊天、接打电话……这种工作方式会削弱人的注意力。当我们在阅读的时候，人所有的注意

力都会集中在书籍里,这可以帮助我们暂时忘却烦恼。

1. 经常阅读,不会感到孤独

阅读可以满足一个人的归属感,让他很快地融入社会圈子,很少会感到孤独。当人们阅读到书中描述的风景、声音等时,会激活大脑的一些领域,联想到生活中的一些经验,这种感觉是我们在看电视或玩游戏时感受不到的。哪怕每天只阅读6分钟,也可以减少大部分的压力。

2. 不同书籍可以治疗不同疾病

其实,不同类型的书籍,会对人体产生不同的影响。比如,在阅读笑话、喜剧一类的书时,有利于减轻神经衰弱;而阅读那些名著的时候,可以排解内心的苦闷;读有趣的小说,可以缓解内心的压抑。

3. 大声阅读可改善肠胃功能

当一个人在大声阅读的时候,提高了氧气的输送能力,以及血液和多种氨基酸到达大脑的能力,大脑皮层得到活跃,神经元的数量增加,神经之间也加强了联系,从而使大脑得到放松,血压降低,心情也会随之变好。大声阅读,运用腹式呼吸,可以吐纳更多的空气,特别是阅读长句子时,肺部会彻底排空,利于吸入更多的新鲜空气。

 心理减压法

减压启示

你是不是已经很久没有读纸质书了？是不是对着电脑或手机刷微博、看网页已经成了你每日的习惯？如果是，那请你现在开始读书吧。读书不仅能让你增长知识，而且能够帮助你有效缓解压力。

01 兴趣减压法：沉浸于兴趣中让你放松身心

六个生活小情调，助你轻松减压

生活本是一张白纸，需要你自己拿着画笔，一笔一画地勾勒出美丽的风景；生活本是一杯白开水，需要你自己往里面增添甜蜜、幸福、悲伤，调制出五味俱全的味道。生活本来是平平淡淡的，主要是看你怎么来经营它。许多人对生活充满了抱怨，总是觉得自己每天除了工作就是睡觉，已经丧失了最初的激情；有的人总是为柴米油盐酱醋茶而担忧，日子过得拮据而无味，他看不到生活的任何希望。现实生活中的人们，忙着上班，忙着挣钱，忙着照顾家庭。在忙碌的生活中，他们抱怨着，哭诉着，却不愿清醒。其实，生活本身没有对与错，而是在于你的心态、你的生活方式。那些心态乐观、懂得享受生活的人，每天都是充满阳光的。所以，我们要学会为自己忙碌的生活营造一些小情调，调剂生活，更是充实自己，丰富心灵。

生活中的小情调并不是什么昂贵的奢侈品，它就如同蒙蒙细雨，从天上屈尊到地上，滋养着忙坏了的人，使他们

 心理减压法

每一个日子都是那么丰盈而充满意蕴。情调就是人与生俱来的情致，是骨子里最温柔的情结，是他们通过自己的感官享受并体验生活的一种方式。平淡的生活充满了枯燥、倦怠的气息，压力让我们喘不过气来，其实，这时候我们需要给自己留一点时间，为乏味的生活营造一些小情调。生活越是忙碌，越是枯燥，越需要情调。情调在一定程度上可以为自己减轻压力，消减负荷，让我们烦闷的心情得到放松、得到释放，让我们重新体会到生活的美好。

王姐是个精明能干的人，曾经在好几家大型公司当过副总，MBA学位，所有人都评价她美丽、漂亮、优雅。她之前有段短暂的婚姻，结婚一年后就因为性格不合而离婚了。离婚后，她把心思都投入工作中，日子虽然过得很忙碌，但是她的生活却很小资情调，没事就学学插花、看看电影，那份闲情逸致，让身边的朋友羡慕不已。

王姐出生在一个富商之家，从小耳濡目染，骨子里喜欢有情调的生活。虽然长大后的她整日处于很忙碌的状态，但每到休息之余，她又会想起自己那有情调的生活来。在不上班的时候，她就喜欢逛花市，一逛就是一上午，每次回家，不是手捧一把鲜花，就是提一盆花。除此之外，她还经常去

01 兴趣减压法：沉浸于兴趣中让你放松身心

学习插花，在老师家里一待就是一下午。如今，她的插花技术日益长进，哪怕只是一个很粗糙的瓶子，凭着她的心灵手巧，美丽和诗情就活现在眼前了，或是放在案头，或是放在居室，她说，那时，她有美丽的心情。

  对于每一个生活忙碌的人，情调并不是什么奢侈品，也不需要我们花费多大的精力。当你周末无聊的时候，窝在心爱的沙发里，翻着一本心仪的书，泡上一杯沁香的玫瑰花茶，这时候，生活的情调就会慢慢萦绕在你身边，牵动你内心最柔软的部分。生活需要情调，而情调也充斥着生活的每一个角落，只是需要你去发掘它们，并弹奏出最优雅的调子。

  情调就如同生活的调味品，为你的生活增添别样的味道，使你的生活不至于单调乏味。在更多时候，它只是一种愉悦的心情。在微雨的天气，故意把雨伞收进包里，独自走在大街上，感受细雨的朦胧，细雨的浪漫，那份怡然自得，也就是情调；在寂静的夜晚，迷人的灯光下，穿上最美丽的衣裳，浅浅啜饮，品尝红酒的醇厚；夏日的午后，独自倚着窗，凭栏眺望，佳人品佳茗。情调，其实就暗暗隐藏在我们生活的每一个角落，需要我们于细微处去发现，用心去

心理减压法

体味。

1. 听听音乐

通常一曲节奏明快、悦耳动听的音乐,会让我们内心的不快烟消云散,乐而忘忧。当音乐如流水一般缓缓而来,身心也会处于最佳状态,从而达到调和内外、协调气血通行的效果,达到消乏、怡情、养性的目的。

2. 练练书法、尝试绘画

有人把绘画、练书法比作气功锻炼,因为练书法和绘画都要求必须平心静气、全神贯注、排除杂念,这与气功是有异曲同工之妙的。而且,在练书法和绘画的时候,需要讲究姿势,这不仅可以排解内心的不快,也可以令人保持一种平和的情绪。

3. 垂钓

一般而言,适合垂钓的地方大部分在郊外,常常到郊外走走,本身就是一种身心释放。而且在水边湖畔,空气异常清新,负离子含量高,会令人感到悠然自得,心旷神怡,能起到减压、减轻疲劳的作用。

4. 养花

鲜花不但能供人欣赏、美化环境、令人赏心悦目,而且花香更沁人心脾。鲜花释放的花香,可以通过人的嗅觉神经

传入大脑，令人气顺意畅、血脉调和、怡然自得，产生心情愉快的感觉。

5. 跳舞

根据研究发现，即便是慢步舞，其能量消耗也是人处于安静状态下的3~4倍。当然，跳舞时为了与音乐协调，必须全神贯注，集中于音乐和舞步中，加上轻松愉快的音乐伴奏和迷人灯光的衬托，这是一种美的享受。

6. 旅行

近几年，旅行已成为减压和疗愈的代名词。旅游可以使人饱览大自然的奇异风光和历史、文化、习俗等人文景观，令人获得精神上的享受。当然，置身在异域风景中，呼吸新鲜空气，让身心来一次任性的出行，更会令人感到放松。

▎减压启示

我们要学会为自己减压，为自己的生活营造一些小情调。其实，不是生活中缺少了情调，而是缺少了发现情调的那颗细微的心。说到底，情调就是一种生活的态度，一种平和的心态，一份闲情雅致，一份优雅情怀。

审视内心:你的承受力由心理决定

一个压力承受力强的人,往往比大多数人活得更成功;反之,一个压力承受能力差的人,则容易被社会和群体抛弃,而他则成为最先抛弃自己的人。这是为什么呢?心理学家认为,一个人的压力承受力是由其心理决定的。

 心理减压法

害羞——焦虑情绪带来的压力

羞怯心理,这是一种正常的情绪反应,这种心理出现时,人体肾上腺素分泌会增加,血液循环加速,这种反应往往导致大脑中枢神经活动的暂时紊乱,最后导致记忆发生故障,思维混乱,因此人们在羞怯时经常在人际交往中出现语无伦次、举止失措的现象。内向者会过分考虑自己给别人留下的印象,总是担心别人看不起自己,不管做什么事情,总会有一种自卑感,总是质疑自己的能力,过分夸大自己的缺点和不足,使自己长时间处于消极的思想状态之中。同时,因为羞怯心理的阻碍,他们无法表达自己内心的真实情感。

克里斯多夫·迈洛拉汉是一位心理治疗专家,他曾经有一个病人是一个30岁的单身女子,非常害怕与人约会。后来在迈洛拉汉的建议下,她写下了与约会有关的一系列事情,安排出门,在约会时说什么,关于未来又谈些什么,在将事情整个思考一番之后,她发现自己最担忧的是一个她并不喜

欢的男人会爱上自己，她担心一旦出现这样的场面，自己不知道该如何去拒绝。于是，迈洛拉汉给她出了个主意，告诉她如果不想再见到约会的那个人，自己该怎么样说，一旦她有了这样的准备，约会就变得轻松随意多了。

对此，迈洛拉汉总结说："记日记是一种简易而有效的方法，我们对自身的认识也许比我们自以为知道得更多，当我们用文字将自己的害怕和焦虑梳理一番时，自己也会为之惊讶。"

羞怯心理产生的原因，是因为神经活动过分敏感和后来形成的消极性自我防御机制。 通常情况下，过于内向和抑郁的人，尤其是在大庭广众下不善于自我表露、自卑感较强和过分敏感的人，都会因为太在意别人对自己的评价而显得畏首畏尾，表现得很不好意思，浑身不自在。

伯·卡登思提出："社交侦察，假如你要参加一个晚会，最好事先弄清楚哪些人会参加，他们将说些什么，他们的兴趣是什么。假如你要参加一个商业会晤，就应尽可能了解对方的背景材料，这样当你与人交谈时，就有了更大的主动权。"比如，你可以先找一些与自己兴趣相同的人打交道，让他们帮助自己树立信心。

心理减压法

一位心理治疗专家曾帮助一名害怕与陌生人打交道的女性战胜羞怯，他先是了解到这名女性喜欢编织，于是，在这位心理治疗专家的建议下，她报名参加了一个编织学习班，在那里，她可以兴致勃勃地与那些新认识的人一起讨论感兴趣的编织问题。渐渐地，她的这种班内谈话使她交了不少朋友，并将自己的社交圈子拓展到班级之外，最后，她终于可以与人轻松相处了，即便在公众场合也很少羞怯了。

许多羞怯的人想摆脱羞怯，结果却是越想摆脱，反而表现得越明显，慢慢形成一种恶性循环。所以，我们首先应该**接纳羞怯心理**，带着羞怯心理去做事，认识到羞怯只是生活的一部分，许多人都可能会发现，这样反而会让自己放松下来，逐渐克服羞怯心理。

一位害羞的人说："我从小就怕见到陌生人，在陌生人面前不知所措，从来不主动回答老师的提问，怕在众人面前说话，我今年已经30岁了，在异性面前会感到很紧张，很不自然，因此影响了我交女朋友，也影响了我与周围人的交往。请问，我这是属于一种什么心理障碍？"其实，这就是一种羞怯心理。

那么，如何才能克制自己的羞怯心理呢？

1. 增强自信心

在平时的生活中，我们应该多想自己的优点和长处，千万不要为自己的缺点而紧张，而要相信"天生我材必有用"，假如你只是看到自己的缺点，那就越是会自卑、羞怯。假如你抬头挺胸，那你自己的智慧和能力就会得到最大限度的发挥，有了自信心，自然能克服羞怯的心理。

2. 不要怕被别人说

分析那些人害怕在公众场合讲话、羞于与人交往的原因，我们很容易发现，他们最怕得到来自别人的否定评价。这样越害怕越羞怯，越羞怯越害怕，最终形成恶性循环。实际上，在社交活动中，被人评论属于正常现象，没有必要过分计较。甚至，有时候否定的评价还会成为激励自己不断前进的动力。美国前总统林肯在年轻时就曾被人轰下演讲台，不过他并没有气馁，反而更加努力，最后成为一名演说家。

3. 进行自我暗示

每当到了公众场合，自己感觉很紧张的时候，就对自己说："没什么可怕的，都是同样的人。"通过自我暗示镇静情绪，羞怯心理就会减少大半。俗话说得好，万事开头难，只要我们第一句话说得自然，那随之而来的就顺理成章了。

4. 说出自己的忧虑

作为一个羞怯者，心理学家建议可以去找一个"可靠的人"，如家人、朋友和医生，这些人可以善意地对待自己的羞怯而不会嘲笑自己，向他们倾诉自己心中的忧虑，一方面可以让他们为你出谋划策，另一方面还可以帮助自己摆脱心理包袱。

5. 设想最糟糕的情形

我们可以设想一下最糟糕的情形，比如你害怕发表讲演，我们就提前设想一下这些问题：你对这次演讲最担心的是什么？演讲失败，被大家笑话。假如真的失败了，最糟糕的局面会是怎么样？要么我跟他们一起笑，要么我以后再也不演讲了。这样一设想，最糟糕的结果也不过如此，并不是一场不可以接受的灾难，那有什么值得羞怯的呢？羞怯者普遍的担心就是因紧张而出现的一些身体外部表现被人笑话，如出汗、声音颤抖、脸红等。不过，这些担忧是多余的，因为这些表现很少会被人注意到。

减压启示

在社交场合，常常会有这样的现象：有的人轻松自然，谈吐自如；有的人却手足无措，不知道怎么办才好，言谈举止显得十分慌张。第一次上讲台的新教师或第一次当众演讲的人都有这样的体验：事先想好的话，一到台上就乱套了。其实，这些就是隐藏在心里的羞怯心理，你所需要做的就是克制自己的羞怯心理，坦然与人交往。

恐惧——不敢迈出第一步

在生活中，一些人饱受许多压力：讨厌面对人群或害怕面对人群，他们觉得恐惧、不好意思，对自己以外的世界有着强烈的不安感和排斥感。他们常常逃离人群，除了几个亲近的人，他们不愿意与外面的世界沟通。他们中大多都有人际交往障碍，心里有很多苦恼："我性格内向，不愿和别人交往，挺烦的，怎样才能做一个善于交际的人呢？""我是一个女孩，我无论和男性还是女性说话，我都不敢看对方的眼睛，手一会儿挠头一会儿揣兜，不知道该怎么办。""我太在乎别人对我的看法，和别人沟通时，我都担心别人怎么看我，尤其是面对比较重要的人，我还有点自卑。""我觉得自己心理上有问题，很多时候很想跟别人聊天，但又不知道有什么好聊的，我很害羞，说话也不敢大声，我感觉自己好胆小好内向。"从这些心声中我们可以看出，他们中的大多数只是性格内向不善于交际，或是不懂得社交的艺术，导致社交过程中出现不适，而并非他们不愿意与人交往。

艳艳今年17岁了,是一所普通高中二年级的学生,爸爸和妈妈都是大专毕业,在机关工作。因为家里就她一个孩子,全家人都对她很疼爱,不过,她爷爷对她要求严格,希望她将来可以做出一番大事业。艳艳从小就很腼腆,不喜欢说话,家里来陌生客人了,她也经常避而不见。在整个读书期间,她都没什么朋友,平时不上课就窝在家里。

但现在艳艳读高中了,她开始了寄宿生活,感觉到很多事情不顺利,她很苦恼,常常向妈妈抱怨,一副不知所措的样子。前不久,艳艳在学校,一个男生无意中用余光瞄了一下自己,她就觉得对方是在警告自己。从此,她更害怕与人打交道了,尤其是遇到异性,她就很紧张,注意力无法集中,学习没有效果。后来,严重的时候,发展到与同性、与老师不敢视线接触。她常常对妈妈说:"妈妈,我很痛苦,好苦恼,可又不知道该怎么办。"

在青春期,性格内向的孩子们很容易患上社交恐惧症,严重的还会发展成社交恐怖症。在青春期,一个人生理和心理都会发生急剧的变化,如果在这一阶段遇到心理压力,没有解决好,就很可能影响他们将来的升学、求职、就业、婚姻等一系列社会化进程。

1. 尽可能与他人交往

别总是一个人宅在家里，否则时间长了会越来越内向。所以，如果要突破自己的交际恐惧，那就需要走出家门，尽量与他人交往。在与他人的交往中，通过遵守共同的规则，学会交往，学会尊重别人的权利。而且，从中可以学到如何与人合作，如何交朋友。

2. 参加活动可以帮助你拓展圈子

在家里，你所能接触到的就是自己的家人。在公司，即便是一起工作的同事，也只是打个照面，没有真正接触，更别说成为朋友了。而那些有意义的集体活动恰好为你提供了这个机会，在活动中，你可以认识更多的朋友，这也拓展了你的交际圈子。

3. 参加活动可以有效锻炼你的交际能力

有的人比较羞涩，性格内向，他们的交际能力较差，这样的人更应该参加一些有意义的集体活动。在活动中，气氛比较热烈，能够激起大家聊天的欲望，从而有效地锻炼你的交际能力，提升你的口才水平。

4. 明白没什么可怕的

我们应该明白，在交际场合是没什么可怕的，可以提前将一切可能发生的最糟糕的情况列举出来，最后发现其实也没什么大不了的。所以，让自己冷静下来，做好自己。

5. 做一个主动者

自信的人总是面带微笑自信地走向大家，然后花一段时间向在座的人介绍自己，他的一切行为都令他看起来非常友善。假如一个人总是低着头走路，等待着别人来招呼自己，就很容易被身边的人忽视。

减压启示

有社交恐惧的人无法主动走出自我的世界，也不愿意加入人群。他们只要在人多的地方就会觉得很不舒服，总害怕别人注意自己、担心自己被批评。实际上，他们的一切行为都源于内心的恐惧，一旦内心的恐惧消失了，他们就会慢慢变得自信起来。

悲观——消极负面的情绪无处遁形

马克·吐温说:"世界上最奇怪的事情是,小小的烦恼,只要一开头,就会渐渐地变成比原来厉害无数倍的烦恼。"那些有着悲观心境的人就恰似心中长了一颗毒瘤,哪怕是生活中一点小小的烦恼,对他来说都是一种痛苦的煎熬。每天增加一点点不愉快,毒瘤就在消极情绪的积累下不停地生长,直到有一天,毒瘤化脓,开始散发出阵阵恶臭,而他已经被悲观所吞噬了。悲观是一种比较普遍的情绪,面对生活中诸多的不如意,每个人都有可能陷入悲观,然而,许多人尚未意识到悲观的危害性。

有的人甚至认为,悲观也没有什么大不了的,又不是抑郁症。可是,据心理学家观察,长时间的悲观心境会让人感到失望,丧失其心智,长期生活在阴影里。所以,要尽量远离悲观的心境,调整自己的情绪,走出悲观的阴霾,做一个乐观积极的人。

有两位年轻人到同一家公司求职，经理把第一位求职者叫到办公室，问道："你觉得你原来的公司怎么样？"求职者脸色满是阴郁，漫不经心地回答说："唉，那里糟透了，同事们尔虞我诈，勾心斗角，我们部门的经理十分蛮横，总是欺压我们，整个公司都显得死气沉沉，在那里工作，我感到十分压抑，所以我想换个更好的地方。"经理微笑着说："我们这里恐怕不是你理想的乐土。"于是，那位满面愁容的年轻人走了出去。

第二位求职者被问了同样一个问题，他却笑着回答："我们那里挺好的，同事们待人很热情，互相帮助，经理也平易近人，关心我们，整个公司气氛十分融洽，我在那里生活得十分愉快。如果不是想发挥我的特长，我还真不想离开那里。"经理笑吟吟地说："恭喜你，你被录取了。"

前者是悲观者，他的心中始终笼罩着乌云，因此，他看什么人和事都是阴郁的，无论是一份多么美好的生活摆在他面前，他也会认为"糟糕透了"；后者是典型的乐观者，阳光始终照耀着他的生活，即使是再糟糕的生活在他看来，也是十分美好的。悲观者看不到未来和希望，所以，他经历了求职的失败，或许，在人生的道路上，还有更多的失败在等

心理减压法

着他,除非他能够换一种心境。

有两个人,一个叫乐观,另一个叫悲观,两人一起洗手。刚开始的时候,端来了一盆清水,两个人都洗了手,洗过之后水还是干净的,悲观说:"水还是这么干净,怎么手上的脏东西都洗不掉啊?"乐观却说:"水还是这么干净,原来我的手一点都不脏啊!"几天过去了,两个人又一起洗手,洗完了发现盆里的清水变脏了,悲观说:"水变得这么脏啊,我的手怎么这么脏?"乐观却说:"水变得这么脏啊,瞧,我把手上的脏东西全部洗掉了!"同样的结果,不同的心态,就会有不同的感受。

拥有悲观心境的人,他们只是一味地抱怨,他所看到的总是事情的阴暗面,哪怕是到了春天,他所能看到的依然只是折断了的残枝,或者是墙角的垃圾;拥有乐观心境的人,他们懂得感恩,他的眼里到处都是春天。悲观的心境,只会让自己死气沉沉;乐观的心态,会让自己感受到阳光般的快乐。

可能,谁也没有想到过,美国最著名的总统之一——林肯竟然曾是抑郁症患者。林肯在患抑郁症期间曾说了这样一段感人肺腑的话:"现在我成了世界上最可怜的人,如果我个人的感觉能平均分配到世界上的每个家庭中,那么,这个世界将不会再有一张笑脸,我不知道自己能否好起来,现在这样真是很无奈,对我来说,或者死去,或者好起来,别无他路。"幸运的是,林肯最后战胜了抑郁症,成功地当选了美国的总统。

1. 确立正确的人生观

如果你希望消除内心的悲观情绪,那么首先要建立自己正确的人生观、价值观,树立远大的理想。在追逐理想的过程中,做一些对社会有利的事情,因为你在帮助别人的同时,自己也会感到快乐。

2. 树立人生目标

美国思想家爱默生说:"一心向着自己的目标前进的人,整个世界都会为你让路。"如果漫无目的,那每天很容易沉浸在悲观情绪里。所以,给自己定一个目标,并想尽一切办法去接近并完成,这样就可以给自己的人生指明方向。

3. 转移注意力

当自己因遇到挫折而感到悲伤、烦恼,整个人的情绪处于低谷的时候,可以暂且不管眼前的事情,将注意力转移到自己感兴趣的活动和事情上面,或者回忆自己得意、幸福、快乐的事情，以此来冲淡或忘却烦恼，在这个过程中将悲观情绪转化为积极情绪。

减压启示

悲观给我们生活所造成的影响是巨大的，一个有着悲观心境的人，无论是生活还是工作，他都没有办法获得成功。悲观的心境甚至还会有意或无意地成为其成功路上的绊脚石。对每一个人来说，悲观的心境就像是飘浮在天空中的乌云，它遮住了生活的阳光，长时间下去，自己就会变得死气沉沉。所以，远离悲观，让阳光照进生活中。

虚荣——越是比较，越是痛苦

虚荣是一条毒蛇，它专门啃噬人的心，我们常常会说"羡慕"，却很少提及虚荣，似乎总想掩藏内心的秘密。其实，虚荣和羡慕本是同根生，在某方面别人有你所没有，别人能你所不能，羡慕和虚荣就产生了。有人说，羡慕是虚荣的华丽转身，虚荣中多了一丝向往，嫉妒中多了一丝怨恨。在日常生活中，我们常常会听到虚荣的声音："你看，隔壁的王先生多潇洒，楼下的阿松自己买了小车，对面的小张刚刚炫耀说又订了一套别墅，看看我们自己，还住在筒子楼，要钱没钱，要车没车，工作也不好……"俗话说："人比人，气死人。"虽然，人与人之间的比较是一种常见的心理活动，但是，如果我们时刻用消极的心态去攀比，贪恋虚荣，不仅会在比较中迷失自己，心中也会燃起嫉妒的熊熊大火，早晚有一天会因虚荣而压抑自我。

有一个人遇到了上帝，上帝对他说："从现在起，我可

心理减压法

以满足你任何一个愿望,但前提是你的邻居会同时得到双份的回报。"那人高兴不已,但是,他仔细一想:如果我要得到一份田产,邻居就会得到两份田产,如果我要得到一箱金子,邻居就会得到两箱金子,更要命的是,如果我得到一个绝色美女,那个看来要一辈子打光棍的家伙就会同时得到两个绝色美女了。他想来想去,不知道提出什么要求才好,他实在不甘心让邻居占了便宜。最后,他一咬牙,对上帝说:"哎!你挖掉我一只眼睛吧!"

由狭隘、自私而产生的虚荣是消极的,在比较心理下,虚荣心会成为我们前进的绊脚石,使自己陷入痛苦的深渊而无法自拔。其实,人生就是一道加减法,有得必有失,幸福和快乐是不可比较的,因为它没有止境,也没有具体的标准。如果你总是纠结于比较,那么,你永远都是吃亏的那一个,因为你在比较时常常忽略了自己的幸福,我们应该有这样的心态:比上不足,比下有余。

对一些私心较重、心理欲望较高的人来说,他们时常会因为攀比把自己气得够呛,到最后,他们也不知道事情到底错在哪里。心胸狭窄的人,总喜欢以己之长比人之短,喜欢计较个人名利得失,越比较越痛苦,感觉自己真的"吃了亏"或"运气不好",甚至开始抱怨自己"生不逢时"。看到自己的朋友当了官、发了财,自己的内心就很不平衡,总想着之前他还不如自己呢,却不去思考对方取得成功的原因。

1. 调整需要

对此,有人一语道破玄机:"人活着就不能把金钱、荣誉、地位看得太重,其实,拥有10万元和拥有100万元的人没什么两样,都是一日三餐,无非他们是吃海鲜,我们吃虾皮;他们开奥迪,我们开奥拓。前面有坐轿、骑马的,后面有推车的,我们就是那中间骑驴的,比上不足,比下有余,所以,知足常乐吧。"

2. 摆脱从众行为

从众行为既有积极的一面,也有消极的一面。如果任由社会上的一些不良风气泛滥,就会造成一些压力,从而让那些爱慕虚荣、意志薄弱者随波逐流。许多爱慕虚荣者不顾自己的客观实际情况,盲目追求,打肿脸充胖子,弄得身心俱疲,负债累累。所以,我们要保持清醒的思维,面对现实,实事求是,从自己的实际情况出发去处理问题,摆脱从众心理的负面效应。

3. 摆正价值观

在生活中，人们常常为钱而奔波，没有一个人会觉得自己赚的钱多，他们内心那种攀比心理、虚荣心理，逐渐将自己逼进一个无底的深渊。许多人有一份稳定的工作，拿着固定收入，却总想与那些做生意发财的人相比，这样一比较，除了一丝羡慕全是嫉妒，心想：凭什么他们能赚那么多钱？这些人因此常常抱怨生活，总是看这里不顺眼，看那里不顺眼，甚至将这样一种嫉妒、怨恨的心态推己及人，给身边的人带来极大的危害。

减压启示

虚荣心，从心理学角度来说是一种追求虚荣的性格缺陷。虚荣心是人类一种普通的心理状态，每个人都有自尊心，都希望得到社会的承认，这是一种正常的心理需要，虚荣心强的人不是通过实实在在的努力，而是利用撒谎、投机等不正常手段去获得名誉。虚荣的人不敢袒露心扉，从而给自己带来了严重的心理压力，虚荣在现实中只能满足一时，长时间的虚荣会导致消极情绪的滋生。

孤独——内心寂寞，无处倾诉

你觉得什么最可怕？孤独。孤独有时候会让人窒息，内向者孤独的时候，常常是最无助的时候。那种感觉就好像这个世界只剩下了自己一个人，自己被所有人抛弃了，内心的空虚感、寂寞感一起袭来，有时候甚至丧失了生活的勇气。所以，孤独被内向者看作最可怕的敌人，他们害怕自己会孤立无援，害怕只有自己一个人，因此心灵也会变得十分脆弱。其实，对内向者来说，孤独并不可怕，可怕的是当你面对孤独时放弃了生活的希望。学会战胜孤独，当孤独的痛苦笼罩你时，你就应该勇敢地面对它，看着它，不要产生任何想要逃的想法。因为，如果你选择了逃跑，你就永远不可能了解它，而它总是悄悄地躲在一边，等着下一次袭击你。

其实，孤独是一种常见的心理状态。孤独感是人们在思想上、行为上的体现。人们常常说的孤独其实包含了两种情况，一种是由客观条件的制约所引起的孤独，他们由于种种原因不得不长期远离"人群"，而一个人或者是一群人独立起来。比如，远离城市到边疆哨所为人们站岗的士兵们；长期坚持在高山气象观测站工作的科技工作者；长期为了工作而四处航行的海员。这样的孤独是一种有形的孤独，因为他们没有亲人朋友在身边。而大多内向者的孤独是第二种，它是"无形"的孤独。

很多有孤独感的人，并不是自己愿意孤身独守，而是在人生的路途中遭遇了坎坷，陷入无边的孤独和痛苦中不能自拔；有的是得不到别人的理解，也不愿意去理解别人，于是选择放弃解释；有的是看不起自己，不相信自己，有一种深深的自卑感。于是，他们在面对孤独的时候，甚至没有抗争就束手就擒。所以，他们陷入了无边的痛苦中，与孤独为伴。

而有的人是因为内心世界的封闭使他们无法通过感情交流来建立真正的友谊，友谊的缺乏使现代人陷入一种强烈的孤独感。有的人这样描述自己的感受："在这个世界，我感到孤独、嫉妒、愤怒、紧张。"无论是因为人生境遇，还是因为自己的感情失意，孤独在无形中已经成为他通往正常工作和生活的阻碍。孤独的人学会在生活中拿出自己的勇气，敢于与孤独抵抗，战胜孤独。

那么，怎样才能有效地战胜孤独呢？

1. 战胜自己的自卑心理

人们有时候受到了大的磨难,就会觉得自己跟别人不一样,而自己又没有勇气跟别人接触,这其实是自卑心理产生的孤独状态。这时候,要突破自己内心的屏障,相信自己,钻出自织的"茧",你就会发现,其实跟别人交往是一件很容易的事情。

2. 转移自己的注意力

如果觉得自己内心孤独,你可以适当地转移注意力。有计划地生活,把自己的注意力转移到工作、生活上来。在工作中,除了努力工作,还要适时与共同工作的同事交流;在生活中,走出心里的阴影,开始结交新的朋友,建立新的生活,重新树立起生活的信心。这样,你就会发现,能够与大多数人生活在阳光下是一件很惬意的事情。

3. 为别人做点什么

孤独者都有这样的情况,当你与很多人在一起的时候,你会感到特别孤独,比自己独处时更孤独。因为与他人的格格不入,你陷入了孤独的境地。那么,你就应该为别人做点什么,帮助别人,获取别人的好感,为自己争取一份友谊。

4. 享受自然,走入社会

一个孤独的人,总是躲在自己的小屋里。这样,精神会长期受压抑，导致自己的性情越来越孤僻。那么，试着走出家门，出去呼吸一下大自然的空气，感受一下街道上拥挤的感觉，这时候，你已经忘记了你的寂寞。你的心情会渐渐开朗，逐渐从孤独的城堡中脱离出来。

减压启示

人们的孤独更多地来自内心深处的寂寞，感情或生存境遇的突然变化，使他们内心无法承受。孤独者因为受内心的折磨，精神也受到长时间的压抑，不仅会导致自己的心理失去平衡，影响自己智力和才能的发挥，还会失去对事业的进取心和对生活的信心。所以，孤独是非常可怕的。要学会战胜孤独，才能在自己的事业上取得成就，才会扬起生活的风帆。

03

情绪宣泄法：为压力找到正确的排解方式

沉重的生存压力、复杂的人际关系、疏远的情感世界，使得人们的心理负荷不断增加，从而变得神经敏感，很容易被消极情绪困扰，长时间处于抑郁的状态。这时候需要给情绪一个宣泄口，疏导、宣泄心中的愤怒情绪。

哭并不是懦弱的表现，而是减压的方式

哭泣是人类表达情绪的方式之一，历来被看作可以减压的方式。一些研究显示，哭泣能够缓解人们紧张、焦虑的情绪，于是很多人，尤其是职业女性在面对压力时，会通过大哭一场来释放压力。也有人发现，自己在边看悲剧电影边哭泣后，会睡得特别香，连过去的失眠症也消失了。

在人们普遍的概念中，哭泣是女人和孩子的专利，男人则是"男儿有泪不轻弹"，孩子和女人就不一样了，高兴的时候可以哭，感动的时候可以哭，生气的时候可以哭，烦躁的时候也可以哭，甚至连无所事事的时候也可以哭……哭泣常常被人当作一件不好的事情。当然，从心理学角度来说，适当哭泣对身心是非常有益的。

日本是出了名的工作紧张、压力大的国家，通过调查显示，70%的日本人都感到有压力。所以，如何减轻压力在日本成了备受关注的问题，为了减轻压力，日本人想出了许多

方法。

2014年日本东京流行一种"哭泣"疗法，受到了那些平时想哭又不敢哭的人的热捧。人们普遍认为，心情不好时大哭一场可以帮助自己释放不良情绪，心情自然会好很多。不过，由于害怕丢面子等原因，并非所有人都能随时放声痛哭。

在日本东京，寺井广树曾是一名"离婚仪式"主持人，在见证了许多夫妻和平分手后又痛哭流涕的场面后，寺井发现，哭在人们转换心情和释放压力方面起着很重要的作用。于是，他创办了"哭泣疗法"学习班。在课堂上，老师通过播放悲情电影为学员营造悲伤的气氛，进而刺激想哭的学员痛痛快快哭一场。"哭泣疗法"学习班开办后吸引了大批不同年龄层的学员，大家普遍反映效果不错。

曾有研究认为，人们在情绪压抑时，会产生某些对人体有害的生物活性成分。人们在哭泣后，其情绪强度一般会降低40%。而那些不哭泣、没有利用眼泪把情绪压力消除掉的人，则影响了自己的身体健康，导致了某些疾病的恶化。

美国明尼苏达大学心理学家威廉·弗莱对哭泣做了长达5年的研究。研究发现，眼泪甚至可以发送自我保护的信号。一般来说,父亲都惧怕小女孩的眼泪。当一个小女孩向父亲索要什么东西的时候,如果父亲拒绝,她就会马上眼泪汪汪,一颗晶莹剔透的泪珠就滑落下来,于是父亲开始放下自己的权威,马上向小女孩投降。

日本东邦大学名誉教授、脑生理学专家有田秀穗将著名的悲情片《佛兰德斯的狗》与《萤火虫之墓》给20名成人观赏,并在此过程中对受试者大脑血流量进行了检测。

实验发现,在看影片的受试者中,约有九成人在中途哭泣。在他们开始哭泣前的1~2分钟,大脑的前额叶区血流量会缓缓增加,到了哭泣前10~20秒,血流量会急速增加,同时心跳与血压上升,处于兴奋状态。

哭泣过后,血流量开始缓缓下降,恢复到原来的状态。有田教授认为,人之所以会在看影片的时候流泪,是因为当人看到自己深有同感的画面时,前额叶区活动会变得频繁,进而发出"流泪"的指令,而这是只有大脑发育较为发达的人类才能流出的眼泪。

根据心理测试显示,哭泣之后的人内心紧张、不安、混乱、愤怒等情绪的比例很小,经常有人会说"大哭一场之后,整个人感觉轻松很多""哭完之后感觉神清气爽"。之所以出现这样的情况,是因为情绪性地哭泣之后,与放松状态关联的副交感神经会替代与兴奋紧张状态关联的交感神经，对人的情绪起着主要的控制作用。换言之，人们通过"哭泣"这样的行为，自发性地切换交感神经与副交感神经的作用，达到发泄情绪、减压的目的。

当然，也有人表示哭泣并非最佳的减压途径。一些人经常会用哭泣减压，结果哭得自己都心痛，哭过之后情绪就平复了，又有勇气面对生活了。但是每次哭泣之后，都需要差不多一天的时间来恢复，真的是筋疲力尽。

压力的来源有很多，压力过大可能源于人际关系紧张。如果在面对压力时，可以获得家人、朋友、同事等良好的人际支持，就能够有效化解压力。在这种良好的人际关系中也能获得愉悦的情绪，会比较乐观地应对压力。通过哭泣减压，确实值得推荐，它可以作为正常的情绪发泄渠道，但没必要经常用。它不是减压的首选方式，还有更多更好的方式可以减压。如果经常哭泣，而且情绪调整不好的话，只会越哭越伤心。

减压启示

心理专家表示，哭泣是宣泄压力的一种方式，可以偶尔使用。但并不是所有人都适合用哭泣的方式减压。一般来说，基础人格不同，对压力的承受能力也不同。通常人们哭泣后，情绪强度会降低40%，但是压抑的心情得到发泄、缓解后就不能再哭，否则对身体有害。

大声笑出来吧，获得心理自愈

心理学家说："开怀大笑是消除精神压力的最佳方法之一，同时也是一种愉快的发泄方式。"当压力来临，或者遇到了烦心的事情，我们应该忘记心中的忧虑，开怀大笑，败一败自己的火气。笑完了，压力也就消失了，愤怒的情绪也就回归到正常状态了。我们常说"笑一笑，十年少"，在西方也流传着"开怀大笑是剂良药"这样一句谚语。笑对一个人身心的益处，得到了中西方医学专家的普遍认可。美国心理学家史蒂夫·威尔逊是"世界欢笑旅行"组织的创始人，他这样阐述了"笑"："笑很简单，它是人类与生俱来的本领，笑也很复杂，蕴含着许多人们可能从来没听说过的学问。"为此，威尔逊对笑进行了多年的研究，他号召人们用笑赶走烦恼和焦虑。所以，当压力来袭，尽情地大笑吧，这样会助你调节情绪，平复心境。

芬兰科学家通过多项实验和调查发现，人一生下来就会笑。简单地说，人不需要学习就能发出笑声，刚出生的孩子会在睡梦中微笑。但是，诸如悲伤、烦恼等负面情绪，以及表达负面情绪的愤怒、哭泣，则需要通过亲身体验，慢慢学习而来。另外，相对于心中由忧虑引起的皱眉来说，笑调动的肌肉数量更少、用力也要小一些。那么，既然绽放笑容如此简单，为什么不少一点烦恼、愤怒，而多一些开心的笑呢？

卢刚大学毕业后，进入了一家大公司，不过，拿着名牌大学的毕业证，他却在办公室里当着一名普通的文员，这令卢刚十分苦恼，心中常常为此愤愤不平。另外，由于卢刚不太善于表现自己，内心有着强烈的自卑感，使自己的才能无法施展。过了一段时间，卢刚觉得生活压力越来越大，整天都没有精神，莫名其妙地失眠。卢刚觉得自己心理有了问题，在一个星期天，他走进了一家心理咨询中心。面对医生，卢刚倾诉了心中的苦闷，不过，医生并没有给卢刚任何的劝导，而是提出了一个小小的要求："每天早晨起床后，什么也不要干，先对着镜子里的自己笑一下，在一天的工作中，如果感到苦闷了，就找个安静的地方，开怀大笑一番。"卢刚半信半疑，但还是照心理医生的话去做了。

一个星期过去了，卢刚又去了医院，医生问他："感觉怎么样？情况是否有所改观？"卢刚感慨地说："真没想到，这个办法真的很灵验。"原来，刚开始照镜子的时候，卢刚被自己的样子吓了一跳：眉头紧皱，满脸沮丧，活脱脱一张苦瓜脸。虽然，以前卢刚也会对着镜子剃须、洗脸，但那时都是面无表情，卢刚意识到好久没有认真地审视过自己了。卢刚想着以前自己是一个快乐的小男孩，记得自己以前也是喜欢笑的，可是，当他第一次对自己微笑的时候，却发现笑容变得十分僵硬。后来，卢刚开始每天对镜子里的自己笑，他在镜子里看到了一个快乐的自己，他感到浑身的力量回来了。

卢刚有些疑惑地问医生："请问这是什么道理呢？"医生笑着说："笑赶走了你内心的怨气和忧虑，为你带来了自信和快乐，因此，你的生活和工作都有了较大的影响。"听了医生的话，卢刚恍然大悟，以后，在办公室里，同事们经常都能听到卢刚爽朗的笑声。

现代人笑得越来越少了，事实上，我们要想做到笑口常开，就需要自己有意识地做一些努力。我们可以试着培养这样一些习惯：每天起来，对着镜子给自己一个笑容；遇到匆匆而过的行人，尽量给对方一个笑容；如果平时不怎么喜欢笑，可以多观看一些喜剧片或笑话，强迫自己笑。慢慢地，笑就会变成一种习惯。

美国马里兰大学医学教授迈克尔·米勒教授说:"大笑可以提高内啡肽水平、强化免疫系统、增加血液中的氧气含量。"对此,有关心理专家认为,健康的开怀大笑有以下六个好处。

1.燃烧卡路里,帮助保持身材

德国研究人员发现,大笑10~15分钟可以增加能量的消耗,使人心跳加速,并燃烧人体一定量的卡路里,所以,大笑是保持身材苗条的方式之一。

2.增加自身免疫力

大笑能够增强一个人的免疫力,对抗病菌。同时,大笑还有助于血液循环,加快新陈代谢,使人更加有活力。

3.减少心脏病发生的机会

科学家通过研究显示,那些喜欢大笑的人患心血管疾病的概率比较低,因为笑能够使人的血液循环更好,血液的流动则可以有效避免有害物质的积聚,这样就减少了对血管的威胁。因此,笑可以使一个人的心脏更强壮。

4.能够为你带来好运气

一个喜欢笑的人,他的运气一定不会太差。笑容可以让一个人看起来更有魅力,更自信,同时还能够促进自我价值感的上升，有助于人们克服困难。

5．笑是特效止痛剂

笑容是最自然、最不具副作用的止痛剂。大笑能够缓和人体的各种疼痛。因此，一些患病的人会经常微笑，因为这可以减轻他们的病情。

6．能够赶走压力，消除负面的情绪

当一个人大笑的时候，身体会立即释放内啡肽，从而赶走压力，驱走内心的负面情绪，释放压力。即使强迫自己大笑，也会产生同样的效果。

当然，我们所需要的是健康的开怀大笑，这有一些前提条件。比如，高血压患者应该尽量避免大笑，否则会引起血压上升、脑溢血等；正处于恢复期的患者也要避免大笑，因为这有可能导致病情发作；当一个人在吃东西或饮水的时候也不要大笑，以免食物和水进入气管，导致剧烈咳嗽，甚至是窒息。当自己有了巨大的心理压力，或者内心郁积着负面情绪，不要跟自己较劲，不妨选择开怀大笑吧！

减压启示

有一位智者很喜欢大笑，而且，通常是在嗔怒时大笑，弟子感到不解："既然这么生气，为什么会选择笑呢？"智者这样回答:"因为大笑可以帮我赶走内心压力,即使是强迫自己大笑,也能够达到这样的效果,所以,既然笑能有如此正面的作用,我又何苦选择生气呢?"

建立发泄室，宣泄出你的愤怒

愤怒是一种情绪，也是一种可能会伤害到自己、亲人、朋友的负面情绪。这种消极的感觉状态，通常包括敌对的思想、生理反应和适应不良的行为。很多时候我们都会因为一些小事情而情绪激动，许多人根本难以控制自己的情绪，而且很难通过一种积极的方式来宣泄内心的愤怒。

2014年，据英国《每日邮报》报道，位于意大利福尔利的一家"愤怒发泄室"意外走红，受到人们的广泛欢迎，在这里，人们可以肆意打砸屋内所有物品来宣泄愤怒、舒缓压力，减压效果不可小觑。这间著名的"愤怒发泄室"外墙由金属打造，室内家具等物品齐全，前来发泄的人每小时付款35欧元（约合人民币300元），便可以在屋内随意打砸破坏来宣泄所有的愤怒和不满。而且，每位参与者进屋都会穿戴头盔、手套和特殊护具，配有一支棒球棒作为发泄工具。这样一来，人们以这种方式进行合理的情感宣泄和压力释放，

心理减压法

能够缓解内心被压抑的情绪，而不至于伤害爱人或是激怒上司，可间接拯救婚姻和职场中的关系危机。

当然，如果你所居住的地方并没有专业的"发泄室"，那我们还可以寻找其他的方式来发泄情绪。

日本一些单位组织的"健康管理室"，就采用了这种方式。比如，两个人吵架了，产生了比较大的纠纷，就可以把他们领到"健康管理室"来组织双方接受健康管理教育。

第一个房间，一进去，对面有个落地大镜子，两个人站着照镜子。双方在吵架时，感觉不出自己的面貌变化。而通过落地的大镜子，就可以发现自己脸红脖子粗，非常激动，威风马上就下去了，自己就发现了情绪的失控，于是提醒自己要控制情绪。

然后到第二个房间，是一排哈哈镜，双方依次照镜子，通过这些镜子启发双方要正确对待自己，正确对待别人，不能像哈哈镜那样把自己看得很高大，而把别人看得很矮小。

然后向前走，进入弹力球室。在地板上和房顶上各有一个钩子，中间用弹力绳紧紧拉着一个球，球离地面一人多高。每人用力打三下，由于弹力作用，球弹回来正好打在自己的额头上，以此来启发双方认识人与人的关系就同作用力与反作用力的道理一样，你伤害别人，别人也会伤害你。

再往下走，是傲慢像室。里面有一个稻草做的、非常傲慢的草人，每人用棒打三下，让双方发泄一通，并启发他们否定这种傲慢态度。

再往下走，走廊两边挂着许多照片，一边是青年人应该怎样生活、学习，如何正确对待别人、尊重老师和长辈；另一边是青年人在酒吧间里鬼混、打架斗殴等日本社会的黑暗面。两边对照，启发青年要正确对待生活。

最后双方交换意见，互相表态，问题得到解决。

这样的"健康管理室"只是一系列的房间，而它们的作用就是很好地让双方能够逐渐发泄怒火，清楚地认识自己，最后心平气和地彼此交换意见，互相表态，就把问题给解决了。一般来说，当人处于困境、逆境时容易产生不良情绪，而且当这种不良情绪不能释放、长期被压抑时，就容易产生情绪化行为。怎么办？

就目前而言，国内缺乏一些专业的"发泄室"，当然，这并不能让人觉得自己砸东西或对人大喊大叫就可以很好地发泄，因为这样的做法尽管使自己得到了释放，却给他人带来了伤害，所以我们可以寻找一些其他发泄愤怒情绪的方式。

心理减压法

1. 运动

当你感到生气的时候，或许不想动，但是运动可以很好地平复你的心情，同时也是恰当的发泄方法。身体在运动的时候可以释放内啡肽，还能够产生让你感到快乐和幸福的化学物质。所以，当发现自己情绪不好，可以选择有氧运动，如散步慢跑等来缓解压力。

2. 下厨

当家庭主妇生气的时候，不要冲着孩子发脾气，可以做一些美味的食物，如揉捏面团可以帮助自己释放怒火。当你时刻关注自己的食谱，就根本没有时间去想那些烦心的事情，而且，做一顿美味的饭菜，本身就是一件快乐的事情。

3. 小憩

如果你觉得自己的压力非常大，甚至无法控制自己的情绪，这时候可以选择喝一杯菊花茶，然后稍微放松休息一会儿。其实，放松自己对大脑非常重要。小憩半小时，清醒的大脑可以让你更加理智地解决问题。

4. 把遇到的问题写下来

我们可以把自己遇到的问题和不良的情绪写下来，这也是一种健康的泄愤方式。这种方法可以帮助自己对烦恼的事情进行分类，便于找到合适的解决途径。比如，假如你讨厌自己的上司却不想辞职，又不能将这些想法说出来，那就写下来宣泄自己的情绪。

5. 学会大笑

生气的时候大笑，这几乎是不可能的事情，但对于泄愤却很有效果。比如，看一些搞笑的动物图片、看几部喜剧片、读一些有趣的故事，这些方式都可以帮助自己笑起来，发泄愤怒情绪。

减压启示

生活工作中难免有不顺心的事情发生，导致你愤怒的情绪蔓延开来，愤怒是一个人遇到挫折时的自然情绪反应。当我们愤怒的时候，我们要知道如何发泄愤怒，排解心中的不快，减轻愤怒带来的不良影响。

心理减压法

忙碌的人，无暇痛苦

曾经有一位女士发出疑问："我每天都感觉到非常忧虑，我该怎么办？"难道你生活中真的没有其他快乐的事情了吗？照顾家庭，或是努力工作，如果你把花费在忧虑这件事上的精力分一大半给其他事情，情况是否会有所好转呢？我相信，保持忙碌的生活，绝对会让你没空去理那些毫无意义的忧虑。

萧伯纳曾说："人之所以活得悲惨，是由于有闲暇时光烦恼自己是否过得快乐。"在生活中，我们千万不要没事找事，不要总想着自己是否快乐，而是马上行动，让自己忙碌起来。忙碌地工作会让一个人觉得时间过得很快，同时还会加速身体的血液循环，让思维变得敏锐。工作的忙碌感会驱散藏匿在内心的忧虑，假如你正在忧虑之中，那就马上找事情做，让自己变得忙碌起来。事实上，这绝对是消除忧虑的最佳方法。

一对来自芝加哥的夫妇有一个非常可爱的儿子。不过,在战争爆发之后,他们的儿子就参军了。那位夫人曾经非常担心儿子的安全,整天都会想:儿子现在在哪里呢?他在战场吗?他受伤了吗?他是否还活着?……因忧虑过度,夫人差点患了忧郁症。

后来,这位夫人将女佣辞退了,她想要亲自来承担家里一切的家务活。不过,她在做这些家务时总是不够投入,只是机械性地完成,她的大部分心思依然在担心自己的儿子,所以好像并没有什么效果。她在铺床、洗碗时还是会担心儿子,她意识到自己应该找一个让自己从早忙到晚的事情做,这样自己才没有空闲的时间去想儿子。于是,她应聘到一家百货公司做售货员。

售货员的工作是异常忙碌的,她还来不及思考什么,那些顾客就会拥挤在她身边,询问商品的价格、尺寸、颜色等问题,一秒都停不下来,她当然无法考虑工作以外的事情。晚上下班后,她所想的不是儿子的事情,而是如何让自己酸痛的双脚休息一下。所以,吃过晚饭之后,她累得倒头就睡,没有时间和精力去忧虑了。

这位夫人说:"我很喜欢约翰·考伯尔·伯斯在其著作《忘记不快的艺术》中所说:'当一个人认真做一项工作

时，能获得一份闲适的安全感、内心深处的宁静和因快乐而产生的迟钝的感觉，这些都可以令心灵感到欣慰，达到让心灵平静的目的。'"

在现实生活中，大多数朋友在工作或忙碌时可以做到忘记自己，摆脱生活中的烦恼。不过一旦闲下来，或者下班后回到家里，那空闲的时间是难以打发的。本来这段时间是休闲的快乐时光，却让内心深处的忧虑乘虚而入，人们开始怀疑人生的意义、总在考虑自己应该怎么做、生活太过于枯燥、今天被上司批评了，或者自己是不是身体出现问题了。

奥莎·约翰逊是世界著名的女冒险家，著有传记故事《与冒险相伴》。可以说，她是一位与冒险结缘的女人，而且在这个过程中受益诸多。

奥莎在16岁那年嫁给了马丁·约翰逊，并随着丈夫离开堪萨斯州去了婆罗洲，最后定居在婆罗洲的野生丛林里。在过去的25年里，奥莎跟随丈夫周游了世界各国，并将亚洲和非洲即将灭绝的野生动物拍摄记录下来。

他们回到美国后四处做旅行演讲，放映他们拍摄的专题片。不幸的是，当奥莎与丈夫从丹佛飞往西岸时，乘坐的飞机撞到山，约翰逊先生当场死亡，而奥莎被医生宣布说无法再站立起来，将终身卧床。

奥莎·约翰逊无意中看到了丁尼生在诗歌中吟诵："我必须不停地盲目以忘记自己过去的伤痛，否则我会精神崩溃的。"所以，令医生感到意外的是，就在3个月之后，奥莎已经坐着轮椅向人们发表演说了，后来，她就坐在轮椅上陆陆续续地完成了上百场的演讲。当有人问她为什么这样做的时候，她说："我不停地忙碌，是因为不想给自己痛苦和忧虑的时间。"

减压启示

当我们处于空闲时，心境近似于真空状态，那些原始的情绪，诸如忧虑、恐惧、厌恶、嫉妒、羡慕等就会占据心境的空间，从而打破内心的平静，那些本来的快乐、乐观情绪就会被驱赶出心境。所以，如果你想改掉自己忧虑的习惯，就必须坚持第一条规则：保持忙碌的生活，忧虑的你必须马上找事情做，否则你只能在绝望中挣扎，最终被忧虑吞噬。

心理减压法

用美食抗拒压力，"吃货"哪有什么不快乐

有这样一个小故事：据说日本有位朋友，去买煤炭想烧炭自杀，结果看见了特价的秋刀鱼便买回家烤了吃。当他吃完之后觉得生活好像也没有那么糟糕，于是果断地放弃了自杀的念头。

事实上，许多人在面对压力时总想吃东西。这是因为当人体承受巨大身心压力的时候，大脑会启动一系列对抗压力的激素作用机制，如肾上腺素分泌激增，使人体快速从肝脏将大量的葡萄糖以及从肺部将大量氧气供给至全身血液中，赋予身体活力以应对突然的紧张状态。对于那些上班族，尽管抗压激素有助于应对压力的来袭，但长时间这样，抗压激素的分泌会疲乏，从而加速体内盐分流失、血糖降低，自然会很容易感到饥饿。

日本作家吉本芭娜娜在其成名作《厨房》的开篇中说："在精疲力竭的时候，我经常会深思默想：不知何时辞别今生之际，我愿意在厨房咽下最后一口气。无论孤身流落寒冷

的地方，还是与人共居温暖的地方，只要那里是厨房，我就能够直面死亡，毫无畏惧。"

厨房或许是一个人可以获得些许安慰的地方，下班后忙碌在厨房里，飘散着油烟味和食物香味的厨房，会让人暂时忘记一些处世的艰难，忘记许多烦恼和不愉快。食物除了满足味蕾需要，还能抚慰疲惫和焦躁，甚至给生活带来一些意想不到的乐趣。

事实上，零食也可以有效减轻压力。在日常生活中，我们发现有的人没有零食就受不了。尤其是一些女性，似乎零食成为她们仅次于正餐的物质粮食。相信很多女性都有喜欢买零食、吃零食的嗜好，她们经常会在超市买大包大包的零食，放在自己的身边，便于自己随时可以拿来吃。她们家里的每个角落似乎都能找到零食的影子，零食成为她们生活的一部分。其实，像这类离不开零食的人，她们的内心其实是很有压力的。

一位很年轻的女孩去看病，说最近4个月，她的体重增加了20斤，而发胖的主要原因就是吃了太多的零食。

这位女孩毕业于外地一所综合性大学，四个月之前才来到本地。在这之前，她从未离开父母一个人单独生活过，但因为毕业工作，不得不离开父母。对将来怀有很大希望的她，便搬来本地，过着枯燥无味的一个人的生活。

每天，当她从工作单位回到自己的宿舍时，没有人迎接她，只有冷清、黑暗的空房子，晚餐也得自己动手准备，这就是她每天的生活。她难以忍受这极其孤独的生活，因此当她独自在仅有她一个人的屋子里时，会涌起吃的冲动，所以就开始乱吃零食，因为只有多吃零食，内心才能获得平衡。时间长了，就会形成一种恶性循环，这次冲动刚平静，下次的冲动又会袭来，于是随着自己的冲动不断地吃，到最后一天三餐根本离不开零食，每天她都会为自己准备很多零食。由此养成习惯后，她便每天不停地吃零食。

不久后，除了每天吃零食，家里的抽屉还必须经常塞满各种零食，否则她就会感到不安。而且这种离不开零食的习惯也带到了单位，她办公室的抽屉里也经常塞满饼干、面包，只要一有冲动，也顾不得是否上班，马上偷偷拿出零食来吃。就这样，她四个月内胖了20斤。

其实造成其行为的原因，是她离开了父母，独自一个人在外地生活。当心里感觉孤寂时，她找不到别的排遣孤独感的方式，只有靠吃零食才能安抚自己。很多人在失意、孤单时，都会有吃零食的冲动，严重时甚至会出现暴饮暴食的现象。

尽管我们可以用美食减压，不过还需要选择健康的饮食，切忌暴饮暴食。

1. 情绪不佳可多吃含钙的食物

当我们在遇到不顺心的事、性情急躁、脾气不好时，选择含钙多的食物，具有安定情绪的效果。像牛奶、奶酪等乳制品以及小鱼干等，都含有丰富的钙，吃后会有比较明显的平静效果。

2. 心情紧张或慌乱，多吃富含维生素C的食物

当我们受到某些刺激、恐吓，或遇到某些紧张环境，心中产生恐慌时，可以多吃些富含维生素C的食品，这具有平衡心理压力的效果。因为我们在承受某些比较大的心理压力时，身体会需要更多的维生素C，所以应该尽可能地多摄取富含维生素C的食物，如菜花、芝麻、柑橘等。

3. 聚会不胜酒力，多吃蛋白质含量高的食品

当参加聚会不胜酒力时，心理压力必然很大。这时，可以多吃些鱼虾、肉类、蛋、豆腐、奶酪等蛋白质含量高的食品，既可以防止醉酒，又能增强营养效果。而且，牛奶会在胃壁内形成一层保护膜，所以在饮酒之前先喝上一杯牛奶，

心理减压法

既能护胃,又能避免或缓解醉酒。

减压启示

食欲的满足是人最基本的一种欲望,当他们感到孤单无助,而又苦于找不到其他的消遣方式时,就激发了他们最原始的一种欲望,那就是吃东西。而在这种情况下,美食就成了他们排遣压力、消除孤单的方式。

04

强健体魄：身体强大心灵才会强大

俗话说："身体是革命的本钱。"无论是从事哪种职业，正处于人生的哪个阶段，健康的身体对我们来说都是极为重要的。如何使自己的身体保持健康的状态呢？这就需要大家掌握强身健体的方法，利用一些小技巧可以提高身体的抗压能力。

健康饮食，健康减压

自古"民以食为天"，"吃"的文化在中国是全民普及、人人认同的。中国的饮食一向以清淡、营养为主，讲究"色香味"俱全，古代很多人没钱拿药看病，都是靠"食疗"来滋补身体，食物是每个人每天都要接触的、最直接的营养和能量摄入途径，也是从内而外调理身体的根本环节。然而，自从欧美一些快餐进入中国后，油炸食品、高热量食物大量占据了中国人的餐桌，再加上快节奏的生活、缺乏足够的锻炼，人们的体质变弱不说，高血糖、高血脂等病症的比例更是大幅增加。

人类对"食物"的需求从最早的"果腹""吃饱"发展成为今天的一种文化，一种享受，是时代的进步，也是人类的进步。除了人本身的"胃"所传达的饥饿感，心理因素的影响也是不容忽视的：比如，食物对人的感官刺激，色、香、味俱全的食物往往更能引起人的食欲；也有些人对食物有自己的喜好和需求，对于他们喜好的食物就会多吃一些，对于他们不喜欢的，可能会表现出排斥和放弃进食的行为；还有饮食习惯、饮食氛围和饮食文化等都会促使人们产生各自不同的饮食需求。所以我们在选择食物的时候，不能单单被自己的习惯所束缚，要均衡营养，更要吃得舒心、愉快。

心理专家说：当一个人的心理压力过重、情绪欠佳时，人体需要的维生素C会比平时多。此时应该多吃一些富含维生素C的新鲜水果和蔬菜，或者服用适当的维生素C片，这样会有助于消除精神压力，使心情得以好转。粗粮、动物肝脏和水果等对缓解不佳心情都有很好的效果，这些食物中富含大量的B族维生素，而B族维生素中的烟酸更能减轻焦虑、疲倦、失眠及头痛症状。当你忽然遇到某件事想发脾气的时候，吃一些富含钙的食物，如牛奶、乳酪、鱼干及虾皮之类，或者直接服用肠道容易吸收的钙片，过不了多久，你便会感到自己的脾气慢慢变得好了起来。

很多人都有这样的经历，每次心情不好，无处发泄，就会拿食物出气，大吃特吃，不注意量的多少，结果到停下来的时候已经撑得不行了。再者，心情失落的人总是喜欢吃一些口味重的食物，这种高糖或者高盐的食物对人体本身就是一种伤害。所以，一个人无论处于多么生气的状态，都要控制自己的饮食，如果真的很想吃东西，可以选择一些能够改善低落情绪的食物,如水果和清淡的流食。

人们在开心和不开心的时候,都喜欢用吃东西的方式来庆祝和解压,这个时候也往往是人的思想最松懈的时候,很容易打破自己平时养成的好的饮食习惯,而暴饮暴食。怎样控制负面情绪对食物的需求呢?

1. 出门快走

美国加州大学的一项研究认为,爱吃零食的人如果在担忧时能快走上5分钟,他们对于零食的注意力就会大大分散,因为快走能增加血液中的复合胺含量,使人心情愉悦,从而有效缓解焦虑。只需要短短5分钟,就能抑制住自己暴食的冲动,何乐而不为呢?

2. 学会放松自己

美国俄勒冈大学健康与科学系的研究发现,超重的女性们如果每天通过各种方式放松一下自己,比如冥想、做瑜伽或者写日记,那么无须刻意节食,一年半以后,她们平均会减掉10斤。医学专家们认为,这可能是因为这些自我放松的方式就像一个缓冲器,能帮助缓解压力,使她们不会吃得过量。

3. 掌握过度饮食时间

美国北卡罗来纳大学查普希尔分校一个专门针对暴食者

的研究项目认为,人最容易暴食的时间是清晨和快到傍晚的时候,因为这段时间通常是人紧张感和压力感最强的时候。所以,想要控制饮食,这段时间最好远离厨房和一切能找到食物的地方。

4. 保持健康饮食

保持每天的健康饮食,营养师建议:早餐吃饱为好,可以喝豆浆或牛奶,外加一个苹果,不要吃油条,尽量少去早餐店吃饭,在家准备些全麦面包或馒头、花卷、小菜;午餐有条件的话可以吃点鸡、鱼、粗粮;晚餐六七分饱就可以,但一定要杜绝油炸食品而且不要喝酒,睡前可以喝点牛奶或红葡萄酒。

减压启示

心理学家研究发现,人的心理状态和情绪都会对人的饮食产生影响。尤其是女性,本身就拥有着比男性更丰富的情感、对周围环境也更敏感,情绪起伏比较大,所以更容易用饮食平和自己的心态、缓解压力。

心理减压法

运动起来，让身体焕发活力

生命在于运动，运动可以让人们焕发出青春与活力，重显年轻的光彩。在现实生活中，不可否认运动为我们的生活带来了生机与活力，展现不一样的激情。随着生活节奏加快，来自生活工作的压力接踵而来，我们的身体开始"发霉"了，逐渐不再有往日的灵活。也许，有人会问这到底是什么造成了这个状况，其实，这就是缺乏运动的后果。运动可以给我们的身体带来诸多益处，它可以化解你心中的压力，大汗淋漓之后你已经忘记了超负荷的重担；它让你的身体得到了锻炼，可以延缓身体各个部分的衰老；它还可以在无形之中增加你身体的抵抗力，让你免受疾病的干扰。总而言之，运动对身体是百利而无一害的。当然，我们这里所说的运动是适当的运动，而且是健康的运动。如果你没有控制好适当的运动量，又选择了危险、不健康的运动，那么运动只会取得相反的效果。所以，为了保持自己的身体健康，要舍弃懒惰，保持运动的良好习惯，而且要选择一些健康的运动。

实际上，适当、健康的运动不仅带给我们健康的身体，还会影响我们的心理。每个人的心理状况、精神状况和身体状况是三位一体、不可分割的。医学家经过研究发现，运动能使人的身体发生一系列化学变化，运动者身体中会产生一种能让人欢快的物质，即内啡肽，因而有人认为运动可以预防抑郁症发生。

美国人菲克斯曾是一名万米长跑冠军，1997年他所著的《跑步全书》在美国出版，之后跑步这一运动就风靡了全美国，而且轰动了整个世界。许多人在这本书的鼓励下开始了长跑训练。然而，就在不久之后，菲克斯本人却突然死于长跑。跑步确实给不少人带来了健康，但也使相当一部分盲目追求者成为不合理运动的牺牲者。据说，在长跑运动员死者中，死于冠心病者占77.5%，明显高于正常人群。

对此情况，美国一家保险公司曾调查了五千名已故运动员的寿命和健康状况，结果发现他们的平均寿命都比普通人短。运动员经过了严格训练，可以发挥身体的潜能，较大的运动量也使他们的体能得以充分发挥。但从健康长寿的角度来说，那种过大运动量的锻炼方法并不可取。

适当的跑步运动是健康运动，但运动量过大的长跑运动则可能威胁到我们身体的健康，因而，过度运动对于普通人来说却是不健康的。另外，诸如登山、赛车、攀岩等危险性较大的运动，其实也不适合普通人，它们都是需要专业的运动员，或者在有最完善的安全措施而自己又比较擅长的情况下，才有可能避免一些身体上的伤害。其实，如果不是作为一种爱好的运动，实在不建议一个普通人去选择这些危险的运动。运动的目的在于保持身体的健康，如果运动本身就有可能给身体带来很大的伤害，那不如舍弃这些不怎么"健康"的运动。

1. 适度的运动可以保持身体健康

实际上，运动充斥着我们日常生活的每个角落。也许，有人还认为运动必须是穿着运动装出门进行的，这样的观念已经落后了。运动也并不一定是进健身房，它可以是任何时候进行的。在现代社会，一些经常性的适度运动可以增进健康，进而维持健康，消耗热量。

2. 爬楼梯也算运动

比如，饭后散散步、溜冰、在家做做清洁、跳舞、爬楼梯等都算是运动，也许有人会问"爬楼梯也算运动吗"。现在，很多住宅区都有了电梯，虽然这省去了不少麻烦，但一定程度上也减少了身体的运动量，有的哪怕是住在三楼，他也会选择坐电梯而不是爬楼梯。所以，这时候爬楼梯就成了一项运动了。

3. 只要想运动，就有时间运动

其实，只要是做健康的运动，都会对自己的身体起到维持健康的作用。如果你想达到防病保健的作用，那每天就要做消耗150千卡热量的运动，最好是让运动成为你生活的一部分。有的人抱怨"工作太忙了，哪有时间运动"，实际上，只要你有运动的决心，时间是会有的。坐公交车的时候，提前两站下车，走两站的路程；晚上下班回家，用爬楼梯代替坐电梯；上班坐久了可以伸伸懒腰，走动一下；在家边看电视边做运动，或者趁着广告的时间做运动；带小孩出去郊游、逛街。当然，选择运动的时候，要养成良好的运动习惯，使自己的身体保持健康的状态。

减压启示

运动对于我们的身体是至关重要的，但是我们在运动时还需要保持适量的运动。运动量过大有损健康；如果运动量过小，则不足以达到锻炼的目的。因此，掌握适度的运动量，才能有益于身心健康。另外，你所选择的应是健康向上、远离危险的运动，这样才能有效地达到预期的运动目的，使身体保持健康的状态。

做个SPA，全面放松你的身体

在平时生活中，我们常说的压力不但是精神上的，当压力来袭的时候，我们的身体也会出现一些敏锐的反应，比如有的人会感觉到胸闷、气短；有的人会感觉到头昏脑涨；有人感觉自己全身紧绷，好像穿了个盔甲。在平日里，我们或许都有这样的反应：当演讲等重要事情发生的时候，或者置身于一些忽然而至的紧张情境时，身体常常会发出以下信号：心跳加速、呼吸急迫、手足冰凉、注意力不集中，甚至思想变得混乱或迟钝，有的甚至还出现短暂的失忆。当这些情绪出现时，大部分人会觉得是自己心理素质不好，总觉得别人是不会紧张的。其实，大部分人在遇到同样的情况时都会感觉到紧张，那些看上去不紧张的人出于一种自我保护的本能而善于掩饰，所以让人看不出来。

其实，这些都属于正常的生理心理应激反应，不过通常身体素质比较好的人在短时间内能够恢复，或者通过一些心理调节方法就能恢复平静，但少部分心理素质差、身体素质较差的人，需要给身体减减压，分散一下紧张的情绪，减少内心的压力。

冥想原本是一种修心行为，如禅修、瑜伽、气功等，但现今已广泛地运用在许多心灵活动的课程中。同时，练习冥想也可以改善注意力并缓解工作压力。如果感到压力大、情绪不好，不妨试着练习一下冥想。

你可以将身体任意放置，无论什么姿势都可以，但要四肢放松，不能让身体用力，也不能让身体有任何压迫、刺痛等感觉。感受自己的呼吸，想象能量通过耳朵传到大脑，每一次呼吸，都有一股能量从耳朵进入，传到大脑。大脑产生一股放松感，似乎有一股冰凉的力量从大脑内部爆发开来，使整个大脑清爽、纯净、放松。接着，让自己的身心慢慢放松下来。

冥想可以缓解压力，是因为冥想要求我们放慢呼吸，放松身体。我们放慢呼吸，心脏适应其速度后，每次跳动都会使血液流通全身，对脑部的供血也会改善，从而实现对情绪的影响。一般人只要每天有意识地放松自己，在静息状态下调整自己的呼吸速度，就能达到缓解压力、改善情绪的效果。

事实上，除了冥想，我们还可以通过其他途径给身体减压，诸如泡温泉、按摩、足浴，等等，我们可以在工作之余去尝试这些减压的方式。给身体来一个全方位的SPA之后，就会顿感神清气爽，精神百倍，自然有抗压的体力了。

1. 泡温泉减压

在人们的印象里，日本人工作都是非常勤奋的，其实他们也是一个会享乐的民族。比如泡温泉，日本人泡温泉不单纯是为了洗浴，而是将其发展成一种文化消费。每逢周末或假日，日本人就成群结队地到温泉地，一边品尝日式美酒，一边享受温泉带来的舒适。

2. 享受一次SPA及精油按摩

按摩是最能释放压力的方式，而精油按摩能在放松的同时呵护肌肤，调理身心。选择SPA时，要留意环境是否安全、卫生、干净，如果不想舟车劳顿，最好选择交通便利的地方。

3. 足浴减压

随着社会的发展，越来越多的人都开始投入高压力的工作之中。但随着工作的压力越来越大，很多人在繁忙的工作中都会发现自己的身体越来越差，亚健康状态也随之而来。为了摆脱这种状态，或者是为了缓解工作的压力，很多白领都会选择做足疗。足疗也就成了一种健康养生的新话题。

4. 平躺

当你感觉非常累的时候，就平躺在家里的地板上，尽可能将身体拉直。假如你想翻身，那就翻身。这样每天持续两次，你就可以感觉到效果。

5. 闭着双眼

心理学教授建议："阳光正在照耀着我们，眼看着一望无际的蓝天，一片宁静的大自然，我就好像是大自然的孩子，也可以与宇宙的安静保持一致。"所以，在家里尝试着闭着双眼，同时进行天马行空的想象。

6. 坐在椅子上

假如你正在煮饭，根本无法躺下来，或者忙碌的家务让你没时间躺下来。你也可以选择坐在一张椅子上，你所收获的效果是差不多的。你可以选择一张较硬的直背椅子，直接坐在椅子上，双手慢慢放松，手掌向下，将你的双手向下平放在自己的大腿上，渐渐地，你就放松了。

7. 放松全身

开始慢慢将你的10个脚趾收紧，然后将它们慢慢放松；先收紧你的腿部肌肉，然后慢慢放松……慢慢向上，收紧身体其他各部分的肌肉，再慢慢放松，最后直到你的颈部肌肉放松。在这个过程中，你需要不间断地对自己的肌肉说：

"放松……放松……"

8. 规律地呼吸

瑜伽规律地呼吸实际上是缓解神经紧张的最佳方法。你可以用很慢、很稳定的深呼吸来稳定自己的情绪,用丹田吸气,这样有助于自己获得平静的心情。

9. 不要紧皱眉头

可以对着镜子看看自己的皱纹,想象抹平脸上的皱纹,松开自己紧皱的眉头,不要紧闭着嘴巴。这样坚持每天两次,或许你根本不需要上美容院,就可以让脸上那些讨厌的皱纹消失。

减压启示

过度疲劳造成的不良应激反应可能一直持续数周或数年,会对身体和思想造成巨大破坏,产生各种交感神经超负荷症状,包括肌肉痉挛、胃肠道不适、呼吸浅快、心率加快、出汗、焦虑、惊恐发作、眩晕、疲劳感和眼睛敏感。所以,面对过度疲劳造成的不良应激,我们应该给身体来一次全方位的SPA。

一杯花茶，舒缓内心所有不快

茶是中国传统文化的经典，中国人历来对茶情有独钟，品茶也成为一种文化。或许，每个人都有品茶的经历，却没有把品茶当作自己生活的一部分。其实，品茶也是一种生活情调，是每个人都需要去培养的一种情调生活。尤其是花茶，更有舒缓压力的作用。千万不要因为它的青涩之味而敬而远之，也不要因为它的简单朴实而避之，以平和的心境，才能品出茶香之味。在闲暇之余，静静地为自己沏一杯澄净的花茶，茶味悠远，意味更悠长。只需一个杯子、一撮茶叶、一壶沸水，就构成了极富情趣的生活。沸水注入杯中，唤起了那干瘪茶叶的生命之源，茶叶随着缓缓流入的水尽情舞蹈，享受着水给予的滋润，慢慢浮出水面。茶杯里，茶叶就像情窦初开的少女舒展着优雅、婀娜的身姿，缠绕着绿的柔美，那绿晶莹剔透、清清爽爽。所以，要学会品花茶，体会那醇厚的甘甜。

从来佳茗似佳人，女人如茶。茶需要慢慢体味，而女人也是；茗茶有醇香，女人有韵味。佳茗与佳人从此有了不解之缘。《红楼梦》里，"贾宝玉品茶栊翠庵"的情节中，庵主妙玉以旧年蠲雨、梅花雪液烹茶待客，"六安茶、老君眉、体己茶"，单这名字就令人无限遐想，再加上"海棠花式雕漆填金云龙献寿小茶盘，成窑五彩小盖钟、绿玉斗，一色官窑脱胎填的盖碗，九曲十环一百二十节蟠虬整雕竹根大盏"等茶具，那绝美的茶道，那精美的茶器，令人感受到茶的清雅韵趣。闻着那兰香氤氲的茶气，即便是没有亲口品味，也已觉得齿颊留香。

花茶令人回味无穷，品茶就像品味人生一样，在经历了风霜雨露的洗涤之后，最终会走向鲜花芬芳的成功之路。阳春三月，就着斜阳，凭栏眺望，嗅着茉莉的清香，在春风中深深地沉醉；夏天的六月，最适宜微苦的苦丁茶，苦味之后的甘甜会扫除你心中的烦躁；十月，一杯温厚的毛尖，让你品味秋的韵味、秋的欢快、秋的悲凉；初冬，一杯龙井茶，带给你阵阵暖意，点点快乐，滴滴幸福。

中国的茶文化源远流长，自古就有"斟茶要七分满"之说，这是礼仪，更是一种茶道。品茶也有讲究，"天生成孤僻人皆罕"的妙玉说："一杯为品，二杯即是解渴的蠢物。"如果仅把茶用来解渴，那就辜负了茶叶、茶具。茶本身就充满了雅味，茶且品，便觉得是雅到了极致。品茶之美在于它的幽雅恬静，宁静的午后，沏一壶清香的绿茶，淡淡的茶香沁人心脾，蒸腾的热气迷住了双眼，茶叶在壶中摇曳，弥散亦迷离。

花茶之所以能如此受到人们的喜欢，不但因为它本身保健养生的功效，还因为它自身带着一股浪漫温馨的气息，令人如同置身在田园中，从而缓解现代快节奏生活给人们带来的压力。

1. 电脑族必备枸杞茶

枸杞茶有明目、养肝肾、抗疲劳的效用，非常适合长时间坐在电脑面前的人。放入若干粒枸杞，加热水冲泡饮用，连续饮用两个月便会见效。

2. 防辐射必备胎菊花

胎菊花是杭白菊中上品的一种，具有抗氧化、缓解疲劳、收敛毛孔、养肝明目、清心补肾、调整血脂、春暖去湿的作用。

3. 养肺茶紫罗兰

紫罗兰具有祛痰止咳、润肺消炎、保护支气管的效用，尤其适合吸烟过多者饮用。同时，紫罗兰可以保持呼吸的顺畅，可以解毒、调气血、缓解疲劳。

心理减压法

减压启示

品茶是繁华落尽之后的落英缤纷,是年少浮躁之后的平淡真切。茶味甘甜醇香,浓而不腻,淡而不俗,流淌在空气中,轻轻回响在心田,透明、空灵、清幽。一杯花茶,可以令自己心静如水,坦然面对现实生活的重重压力。

瑜伽，静态减压运动

近几年，瑜伽逐渐成为一种有效的健身运动，风靡全球。瑜伽可以减压及治疗，并帮助人们缓解身心紧张。许多人误以为瑜伽只有时间比较多或筋骨柔软的人才适合，因而错过了一种获得健康益处的方式。事实上，只要你能够呼吸，就可以练习做瑜伽。瑜伽这个词，是从印度梵语"yug"或"yuj"而来，其含意为"一致""结合"或"和谐"。瑜伽源于古印度，是古印度六大哲学派别中的一系，探寻"梵我合一"的道理与方法。而现代人所称的瑜伽则主要是一系列的修身养心的方法。

瑜伽是一个通过提升意识，帮助人类充分发挥潜能的体系。瑜伽运用古老而易于掌握的技巧，有改善人们生理、心理、情感和精神方面的能力，是一种达到身体、心灵与精神和谐统一的运动方式，包括调身的体位法、调息的呼吸法、调心的冥想法等，以达到身心合一。如此看来，瑜伽确实是一种最有效的健身运动。

丽莎是一名资深瑜伽发烧友，她从很早就开始尝试做瑜伽，并从此爱上了瑜伽。在她的带动下，越来越多的瑜伽爱好者加入了她的队伍。"我是一个上班族，又经常出差，所以有空的周末都会组织大家一起做瑜伽。"虽然丽莎已经步入中年，但其体态依旧轻盈。通常，丽莎会在周末晚上做瑜伽，响应者就差不多有二三十人，大家一起做瑜伽，轻松减压。

相比室内瑜伽，天天宅在办公室的丽莎更喜欢到室外做瑜伽。室内瑜伽虽然有音乐、香薰、空调，但总比不上户外贴近自然，不但能够呼吸到新鲜空气，沐浴温暖的太阳，还可以在练习过程中将自己与大自然融合在一起，达到"天人合一"的效果。

在丽莎看来，瑜伽是一种修炼，所以她在户外做瑜伽时会尽可能地选择安静的场所。这样只看风景就心情愉悦，空气也好，利于吐故纳新。

现在，丽莎已经把户外瑜伽当成了一项公益事业，想要向大家传播一种健康的生活理念。所以每次在户外，大家不会一味追求高难度动作，而以基本动作为主，方便零基础的参与者练习。冥想、静坐、拉伸……从16岁到60岁，都能参加。丽莎认为瑜伽的最终目的是健康，所以她更在意的是把在瑜伽中体验到的快乐和健康带给每个人。

作为一种非常古老的修炼方法，瑜伽并非只是风靡的健身运动这么简单。而户外修习瑜伽更能让人们体会瑜伽之道，强健身体、改善亚健康、释放压力、平衡心态、打开心结。所以，户外瑜伽也正逐渐成为最受欢迎的户外运动项目之一。

那么，当我们在练习瑜伽时应该注意什么呢？

1. 练习呼吸的速度

计算每分钟呼吸的次数，然后花一些时间练习放慢呼吸速度。缓慢地吸气，想象将一个3升的容器从底部往上填满，再缓慢吐气，从上往下将容器排空。规律地练习缓慢及深沉的呼吸，不久就会习惯完全将肺部填满的呼吸方式，并且发现每分钟的呼吸次数逐渐减少，同时更能抵抗生活的压力。

2. 伸展身体

即便在短时间内无法起身活动，但也可以轻缓地舒展你的身体，以避免久坐造成的肌肉紧绷。首先我们将腿往前伸直，脚跟着地，脚趾向膝盖方向延伸，就可伸展腿后的肌肉；如果空间足够，再一边呼气一边将上半身前倾，接着一边吸气一边恢复上半身的坐姿并弯曲膝盖，同时脚掌踏回地面。

3. 让心安静下来

虽然生活和工作可能让人找不到时间冥想，不过假如尝试改变看事情的角度，一样能够获得一些益处。比如，许多人在安静时无法忍受身边的噪声，这时可以尝试利用想象力或通过阅读来帮助自己安静下来。

减压启示

事实证明，瑜伽可以加速新陈代谢，去除体内毒素，形体修复，从内及外调理养颜；瑜伽可以带给你优雅的气质、轻盈的体态；提高人的内外在的气质；瑜伽可以增强身体力量和肌体弹性，身体四肢均衡发展，使你变得越来越年轻、有活力、身心愉悦。

05

心灵检索：挖掘内心深处的心理压力

心理压力也就是我们常说的精神压力，它主要来自社会、生活、竞争。这些压力就好像是一个交织的密网，不断挤压周围的空气，使人们的呼吸越来越困难，心情越来越焦躁。

心理压力越大，越容易被负面情绪侵袭

在日常生活中，我们常常发现这样一些容易陷入负面情绪的人：如为生计奔波的小贩，高企工作的白领精英，老板，等等。从表面上看，他们似乎并没有共同点，但是，如果我们仔细观察就会发现，他们身上有一个显著的特点：压力比较大。

一项社会调查发现，那些生活、工作条件良好、受过较高程度教育的城市人，他们对生活的满意度远远不如农村人，来自生活和工作的压力让他们的生活质量大打折扣。近年来，城市人的脾气似乎越来越大，他们自己则常常感觉到紧张、焦虑、容易愤怒，甚至在悲观时有用自杀解脱压力的念头。这项调查显示，同农村人相比，城市人工作的体力强度、时间都少于农村人，而且更注重健康的生活方式，但是，城市人的精神状况却显著差于农村人。同时，在调查中，个人工作稳定、收入有保障列为城市人平日最关心的问题，对工作的极度关注使许多城市人明显觉得工作压力影响

到了个人健康。另外，城市的快速发展和工作的快节奏让许多城市人觉得自己似乎有点力不从心，60%左右的城市人对自己的工作状况并不满意，而且，来自家庭以及婚姻的压力也会搞得他们焦头烂额。

我们每天都面临着诸多压力，有可能是事业不顺而造成的工作压力，有可能是感情不顺而造成的感情压力，还有可能是家庭不和谐而造成的家庭压力，对此，心理学家把这些压力都统称为"社会压力"。社会压力能直接转换成一个人的心理压力、思想负担，久而久之，就会成为心结。如果这种压力长久以来得不到有效释放，就会越积越多，并产生巨大的能量，最终像一座火山一样爆发出来，导致的结果是，人们的情绪大变，总感觉自己活得太累，每天都不开心，脾气越来越坏，甚至，严重者会精神崩溃，做出傻事。面对巨大的社会压力和心理压力，最重要的是自我调节、自我释放，当然，有合理而适度的压力，不但不是一件坏事，反而是一件好事。

我们应该像高压锅一样，当压力不够时就聚集压力，让压力变成"煮饭"的动力；当压力过高时，就自动释放压力，这样压力就不会对我们造成伤害。那么，如何来缓解社会压力和心理压力呢？

1. 养成良好的作息习惯，营造良好的睡眠环境

在平日生活中，我们需要养成早睡早起的良好习惯，相对稳定的睡眠能够使我们的大脑得以休息。同时要注意卧室的温度，过冷或过热都会导致人们睡眠质量差；也可以让卧室采用温和的色彩，这样人们会在一个相对自然的环境里放松自己，很快进入睡眠状态。

2. 放松精神，舒缓压力

我们需要缓解自身的压力，如在睡前可以进行适量的运动，听听音乐，或者用头部按摩来缓解压力；也可以进行饭后散步。在睡觉前播放一些轻柔的乐曲，在入睡前按摩耳后、脖子等部位，这样可以使身心都放松下来，舒缓白天生活及工作的各种压力。

3. 给自己的压力要适当

心理学家建议：适当的压力有助于激发我们更强的斗志，但是，正如任何事情都有一定的度，压力过大会影响到正常的情绪。因此，在日常生活中，我们要给自己适当的压力，只要不是太糟糕的事情，我们就应该学会忘记，这样一来，那些琐碎的小事就影响不到我们了。

> **减压启示**

无论是生存压力还是工作压力，对一个人的情绪都是有着重要影响的，一旦压力来袭，情绪就会变得恶劣，容易生气、烦躁，似乎看什么事情都不顺眼，内心的情绪积压过久，总想痛快地发泄一番。因此，那些给自己压力越多的人，他们的负面情绪往往越多。

自我检测，看自己是否被压力困扰

随着生活节奏越来越快，来自社会各方面的压力也越来越大，由此而引发的各种心理疾病也层出不穷。在最开始的时候，人们并没有意识到心理疾病带来的危害性，他们只重视身体上看得见的健康，而忽略了心理健康问题。实际上，比起身体上的健康，心理上的疾病对身体的伤害更严重。一般来说，身体上的疾病是可以治愈的，而心理上的疾病却难以医治，一旦患上某种心理上的疾病，就会直接影响到你的工作、生活和学习。所以，对每一个生活在激烈竞争环境中的人来说，学会呵护自己的心理健康，不要让心理疾病侵扰你，这对于未来的事业、生活都有极大的帮助。

"老师承受的心理压力实在太大了！"这是现代老师喊出的肺腑之言。

在以前，大家普遍认为教师这个职业是一个比较轻松的职业，但近年来，一些社会舆论认为学生学不好，责任全部在于老师，因而老师所承受的压力非常大。而且，随着这些年进行的大规模课改、教材更新，一些老师尤其是年纪较大的老师感觉到"力不从心"，适应不过来，加上自身心理调适能力较弱，就会产生心理问题或者心理疾病。

1. 心理压力对社会各界人士的困扰

据调查，现代人中产生心理问题和疾病的人群急剧增加，社会各阶层的人士都有着心理上的困扰，如果不及时调节，久而久之就会形成一种心理疾病。都市白领会在紧张的工作下会患上心理疾病，焦虑不安、抑郁症、精神障碍等心理问题和疾病；一些离婚的人遭受了情感的挫折，他们也会或多或少地产生心理疾病；贫困家庭难以承受生活和工作的双重压力，极有可能患上心理疾病；商界精英面对事业受挫，其心理因失败的打击长期处于一种失衡状态中，又不能自我调节，极有可能诱发精神障碍、抑郁症、自闭症等心理疾病。事实上，一些竞争比较激烈、所担负责任重大的行业里，也会出现一些被心理疾病所困扰的人士。因此，心理健康不容我们任何一个人忽视，心理上的健康与身体上的健康一样重要。

2. 你是否去做过心理体检

尽管心理压力大，但大多数人依然没能及时去做心理体检。由于现代人普遍工作节奏快、竞争激烈、心理压力大，抑郁、焦虑和强迫症已成为人们主要的心理疾病。为此，专家呼吁，应加强对自身心理健康的关注和重视力度，建议人们每年做一次"心理体检"，把心理疾病危害程度降到最低。所以，面对心理疾病，要舍弃听之任之的态度，及时地进行疏导，进行心理上的调节，必要时可以向心理专家进行咨询，以保持自己心理上的健康。

减压启示

许多人都有这样的问题，心理上的压力很大，却又得不到释放，这种种压力主要是来自生活、社会。而且，随着社会竞争越来越激烈，这样的压力会越来越大，几乎到了崩溃的边缘。近年来，承受不了生存压力的人不在少数，究其原因就是心理疾病的困扰，更有甚者为此患上了抑郁症，失去了生活的勇气。因此，在现实生活中，我们不要忽视心理上的健康，只有保持身心健康才能扬起生活的风帆，走向人生的成功之路。

情绪压力来袭，如何巧妙疏导

每天，我们都可能面临着生活给自己带来的愉快、悲伤、愤怒和恐惧。但是，这样形成的情绪和情感往往是短暂的，哪怕是负面的情绪，痛苦之后，强烈的体验就会随着刺激的消失而消失了。可是，如果那些焦虑和忧愁长期存在，就会使人惶惶而不可终日，由不良情绪引起的生理变化也会久久不能恢复。其实，长期压抑的情绪对人的身体健康是有着很大影响的，紧张忧虑的情绪不仅影响生活质量，还会给身体带来更大的伤害。

对于那些不良的情绪，要舍弃压抑的方式，选择通过正确的渠道来释放，这样才有益于身心健康。

1. 长期的情绪压抑会导致心理疾病

压抑的情绪在身体里撞来撞去，会让自己很难受，还有一种说不出来的悲哀，严重者还会就此患上抑郁症。也许，有时候你会因为身边的种种因素而压抑心中不良的情绪，还安慰自己说"忍忍就过去了"。其实，总是压抑自己的情绪，会逐渐影响到你的身体，因为那些长期压抑的情绪比生气更容易伤害自己的身体。

2. 选择正确的渠道释放情绪压力

可能有人觉得，既然不压抑自己的情绪，那就随处释放，不管是同事还是朋友，一股脑儿向对方发泄。压抑的情绪是需要释放，但前提是通过正确的渠道，而不是无所顾忌地就随处释放出来。也许，不同的人会选择不同的释放渠道。有的人喜欢运动，有的人喜欢通过参加休闲活动来放松心情，有的人喜欢听歌看小说，有的人选择睡个好觉。其实，无论是哪种途径，只要能顺利地释放不良情绪，都是值得采纳的。因此，面对不良情绪，舍弃压抑的方式，选择正确的释放渠道，才能保持自己身心健康的状态。

3. 女性可以通过大哭来释放，男性可以通过适当玩游戏释放情绪

众所周知，女性普遍比男性的寿命更长，除了职业、生理、激素、心理等各方面的优势条件，女性喜欢哭泣也是一个重要的因素，因为哭泣对于女性是一个释放不良情绪的渠道。哭泣之后，情绪强度就会降低40%，如果不能利用眼泪释放情绪压力，就会影响到身体的健康。可是，哭泣的时间不宜超过15分钟，否则也会对身体有伤害。

当然，眼泪并不是唯一释放情绪的途径，尤其是对于许多男性来说。这不得不让人想起男性之间的流行语"你今天玩游戏了吗"，如果见面不说，就好像自己不前卫、不时髦、跟不上时代步伐一样。其实，除去"玩游戏"本身所具备的娱乐性质之外，它之所以能风靡于年轻人，还源于其对压抑情绪的释放。许多上班族忙碌了一天，总希望能通过一件愉快的事情来释放自己压抑的情绪，而"玩游戏"就成了一个巧妙的出口。可能，玩游戏并不是全民释放情绪的方式，不同的人会选择不同的途径释放自己的不良情绪。

减压启示

抑郁情绪持续一段时间之后，你会发现身体出现了诸多不适，不仅给自己带来了心理上的疾病，还引起了身体上的疾病，这根本就是得不偿失。所以，当自己产生了不良情绪，一定要通过正确的渠道释放出去，舍弃压抑自己的方式，获得心理生理上的双重健康。

心理减压法

心理压力过大，会影响人的身体健康

卡耐基曾说："一个损失了健康的人，就算他赢得全世界，也不能算作真正的成功人士。即使他拥有全世界，每晚也只能占据一张床，一日也只能享用三餐。哪怕一个挖水沟的人，也能做到这一点，甚至还可以睡得更安稳，吃得更香，我宁愿做一个普通的农夫，闲来能够悠然弹奏五弦琴，也不愿意作为企业家，45岁不到就因为忙于管理而自毁健康。"现代人越来越焦虑，在内心里隐藏着一种恐惧，既担心自己的生存状况，又惧怕生老病死，其实，这就是典型的心理压力。长此以往，原本健康的身体被心理压力折磨得奄奄一息，心理不健康是导致身体不健康的重要因素。比如，有的人身体感到不舒服，就总是怀疑自己生了病，整天陷入恐慌之中。其实，在很多时候，这些只是小病或者根本就没有疾病，而是源于内心压力，如焦虑和恐惧。当然，心病还得心药医，不要猜疑自己的健康，保持健康的心理，心病自然就会消除了，我们要让那些在阴暗处滋长的压力在阳光下消失。

他是美国棒球名将,曾遭受压力的困扰,后来,他摆脱了焦虑症,停止了没有理由的恐惧,所以他健康又长寿。

他这样回忆道:"刚开始打棒球的时候,根本没有钱可挣,而且常常被空罐子或马具绊倒,等到球赛结束了,我们就用空帽子向观众收点小费,以赡养母亲、养育幼小的弟弟妹妹,但那点钱是绝对不够的,有的球队就只靠草莓充饥。各种压力令我感到焦虑,我是唯一连续7年陪末座的棒球队经理,也是8年里唯一输过800场的棒球队经理。以前一连串的挫败令我焦虑到不吃不喝,但是,后来我决定不再焦虑了,如果不是当时就停止忧虑,我早就躺在棺材里了。"

在受压力困扰的日子里,他发现压力对自己毫无益处,只会危害自己的事业,而且会危害自己的健康。后来,他逐渐发现了克服焦虑和恐惧的方法:忙着为未来赢球做策划,没有时间去焦虑和恐惧已经输了的球局;绝不在球赛结束后24小时内批评球员的错误。

原来,他以前总是叫球员来训话,后来,他逐渐发现,如果已经输了球,责备和争论都没有意义了,只会增加自己的焦虑和恐惧。于是,他决定输球之后绝不马上去看球员,要到第二天才跟大家讨论失败的原因,这样到了第二天,他已经很平静了,这样看来那些失误好像没有那么严重,他可以冷静地讨论。这样过了一段时间,他发现内心的焦虑和恐惧已经慢慢消减了。甚至,他认为自己长寿的秘诀就是"停止焦虑和恐惧"。

焦虑和恐惧给我们生活所造成的影响是不容忽视的,焦虑对我们毫无益处,只会危害自己的生活和事业,而且会危害自己的健康。与其花费大量的精力和心思去焦虑和恐惧,不如好好经营自己的生活,把精力和心思转移到生活上来,这样自然而然就摆脱了焦虑和恐惧的困扰,从而获得一种轻松而美好的生活。

1. 小心生闷气

何谓闷气?它是由于心中郁闷而憋在心里的气,是压力无法消除而无奈的表现。古人云:"百病之生于气也。"常言道"怒伤肝,忧伤肺",那些郁积在心中不愉快的情绪使内脏活动紊乱、内分泌系统失常,胃口不佳、消化不良,而且,长时间的烦闷会导致血压升高,甚至导致冠心病。另外,从心理学上说,生闷气是一种不愉快的情感体验,它是一种消极的，甚至会破坏正常思维的情绪反映。一个人若是情绪恶劣，其记忆力将会减退，思维能力也大受影响，同时，喜欢生闷气还会影响一个人正常的人际交往。

2. 小心压力危害身体健康

有时候，我们根本没有想过身体的疾病会跟压力有关，事实上，郁积在心中的压力常常会成为我们身体疾病的根源。一位经常被压力困扰的人说："我感觉很孤单，心中像有一大块沉重的石头，压得我快喘不过气来，什么时候才能将这块石头融化呀，它憋在我心里，憋得我快要疯了。"现代社会竞争激烈，工作和生活压力都非常大，这不仅影响家庭关系、同事关系、朋友关系，如果自己不能妥善处理这些矛盾，那些不断膨胀的压力就会危及我们的身体健康。

减压启示

心理压力，诸如焦虑和恐惧是现代社会普遍存在的心理疾病，它源于工作压力、人际关系、经济问题、孤独以及交通阻塞。我们每天都饱受着生活压力的困扰，可能或多或少都有焦虑恐惧的经历，然而，可能许多人都没有意识到，长期的焦虑会引起抑郁症，这是一种病态的心理，不但会给我们的健康带来损害，还会感染到身边的人。

心理减压法

压力也是动力，适当的压力有推动作用

曾在一本书上看到这样一段话："人一生中都会面临两种选择，一是改变环境去适应自己，二是改变自己去适应环境。既然压力是已经存在的，是根本无法彻底消除的，那我们何不积极地改变自己，正确引导各种压力成为自己前进的动力呢？"在现代社会，几乎每一个人都有压力，其实，适当的压力对我们自身是十分有用的。如果一个人没有动力，没有磨炼，没有正确的选择，那么，积聚在他们身上的潜能就不能被激发出来，而压力会给他们这样的动力。所以，适当的压力不仅能激发出一个人无限的潜能，而且能够带给我们许多快乐。

在日常生活中，来自各方面的压力使我们感到很累，好像生活被一个巨大、无形的网笼罩着，这令我们做任何一件事情都感到力不从心。于是，在强大的心理压力下，我们常常会幻想享受那种无忧无虑、不知忧愁是什么的生活。事实上，没有压力的生活是不可能快乐的，只会令人感到烦闷、

无聊，这样的生活状态久了，会感觉自己在堕落，从而丧失了对生命的追求。

在现代社会，大多数人都会羡慕没有经济压力的学生、坐在办公室看报纸的公务员，似乎总觉得他们的生活是那么悠闲、自在，远离了压力的困扰。事实上，他们的生活真有那么快乐吗？对此，心理学家对那些整日闲在家里的人提出了一个建议：尽可能找一份自己喜欢的工作，不管收入多少，至少能够体现自己的价值，给生活带来适当的压力。

一位留学英国的朋友回国，向同学们讲述了自己在国外的生活："刚开始，我在国外的时候，由于自己英文很差，害怕出丑，整天把自己关在屋里，看书、上网、看电影，这样的生活状态持续了整整一个月，我崩溃了，我开始想：自己是否应该干点什么。"

后来，她去了国家应用科学院求学，刚开始的时候，老师讲课自己一半都听不懂，而且，老师讲课也没有教材，只能靠自己做笔记，压力非常大。当时，她想，自己只要及格就行了，没有必要追求名列前茅。于是，她每天都会拿着同学的笔记来抄，然后就跟自己的男朋友一起出去约会。

临近考试的时候，她才开始"抱佛脚"，背诵笔记，每

心理减压法

天只睡三个小时,第一次考试她及格了。虽然自己的分数并不是很高,但令自己高兴的是,老师给全班同学发了一封邮件,老师在信里这样说:"这次考试,我认为出的题目比较难,但是,令我没有想到的是,班里的三个留学生考得还不错,希望你们继续努力。"老师的鼓励令她受到了鼓舞,她开始认真听课,成绩也越来越靠前了,到了第二年,她的成绩就排在了全班第一,这样的成绩不仅令同学感到惊叹,连她自己都觉得不可思议。最后,她这样说道:"在国外求学的经历堪称跌宕起伏,但是,我并不觉得有什么不好,这些所谓的挫折与困难,让我学会了承受,让我赢得了最后的胜利。我们的生活需要适当的压力,压力教会了我们什么是坚持,最重要的是,让我远离了那种无聊、烦闷的生活,重新拾起了久违的快乐。"

有时候,适当的压力并不算什么,当你坚持下去,你就会发现已经没有多少压力了,所有的压力都会在行动中找到发泄的途径。只要我们能够坚定地走下去,全力以赴,我们就将赢得自信,我们知道自己能够做得更好,从而长久地消除各种压力,获得动力,从而走上成功的途径。

1. 什么是适当的压力

也许有人会问,什么是适当的压力?适当的压力,就是指时间不长、刺激不大、能让人最终有成就感的压力。所以,要随时让自己拥有适当的压力、舒缓过大的压力,从而远离无聊、烦躁的心境,重新追逐生活的快乐。

2. 有时候无聊比压力更令人苦恼

一位朋友这样说:"每天九点我才去上班,十点左右就可以离开了,下午有时候根本不上班,可是,一天剩下了这么多时间,我也不知道怎么打发,心绪变得混乱不堪,时常感到无聊、烦躁,有时候,我甚至感觉到自己在浪费生命。"其实,烦闷的根源在于"无所事事",即使远离了社会的压力,但是,无聊似乎比压力更令人苦恼。

减压启示

生活在现代化的社会,我们无论如何都避不开压力:学生时代,我们所承受的是各种考试的压力;工作时期,有着上司的要求,家人的期许,自己内心的苛求;等等,这些压力都是无法避免的。既然无法避免那些潜在的压力,何不把压力当作生活的调剂品呢?

06

忙中偷闲：给自己放放假

近几年，明星劳累过度患重病、白领精英猝死等新闻常见于媒体，不管是上班族还是自由职业者，每天都必须面对巨大的生存压力。减压很困难吗？其实，只要我们注意忙里偷闲，不但可以释放压力，舒缓紧张情绪，还可以大大地提高做事的效率。

拨弄花草，烦恼自然淡忘

生活中，其实每个人都生活在自己的围城里，巨大的竞争压力使人们渐渐忘记了自我欣赏和肯定，进而迷失了寻找自我意识的目标和方向。事实上，快乐是一种由心而生的乐观心态，它来源于人们克服困难的勇气和对生命归宿的信仰。在现实生活中，我们常常有这样的感叹：人际关系会让自己身心疲惫，因为人心是复杂的。在与人相处的过程中，我们需要考虑到别人的心理，甚至在某些时候，为了顾及别人的感受，我们自己反而身心疲惫，最终受委屈的是自己。所以我们才会说"做人难"，难就难在我们需要更多地考虑到别人的心理。长此以往，我们总是想到别人，而无视自己的感受，自然会觉得累。在这样的情况下，我们需要学会调适心情，让自己的生活变得简单，自然也就快乐多了。

有的人读了研究生，但他最大的愿望就是开一家花店。或许，对于这样的愿望，多少人会满脸不屑："都读研究生了，怎么还会有这样幼稚的梦想呢？"对此，他道出了内心的苦闷："我觉得与复杂的人和事打交道，会身心疲惫，我就是我，我不会因为什么而变得圆润，为什么要让自己那样累呢？相反，如果我整天与花花草草打交道，不仅不会累，而且可以将它们当成自己最好的朋友，向它们诉说自己的烦恼，那样的生活岂不是太美好？"听了这番话，许多人陷入了深思，在现实生活中，多少人为了所谓的事业而抛弃了自己的个性，又有多少人因事业而变得世故圆滑，他们在取悦别人的同时，其实也丢掉了本真的自己。到最后，他们变得连自己都不认识自己了。所以，在生活中，我们更需要以花草鸟鸣来调节心情，在简单清静的世界里，寻找心灵最初的快乐。

杨大叔是村里出了名的"乐哈哈"，因为他几乎在每个时刻都是面带笑容，偶尔还会跟邻里乡亲说几句玩笑话。如果你了解他的生活，就会知道他的心情为什么总是这样好了。

在杨大婶的眼里，杨大叔是不学无术，总是摆弄那些花花草草、鱼儿、鸽子什么的，能变出几个钱呢？杨大婶是农村里朴实的妇女，她的想法总是这样简单实在。但杨大叔总是说："你不懂，这是生活，这是情趣。"每次吃了饭，他总是先上楼看看笼里的鸽子，摸摸它们的羽毛，搂着它们，仔细观察它们的眼睛，一边嘴里嘀咕着："这只鸽子可是好品种，它的妈妈可是信鸽，等它长大了，我也带着它去参加比赛。"放下它们，杨大叔还会在一边观察它们很久才依依不舍地离开。

除了鸽子，杨大叔最大的爱好就是摆弄花花草草，他很喜欢将那些树枝弄成精致的形状，马啊，羊啊，龙啊。每每有朋友拜访，他就带着他们去参观自己的植物园，骄傲地介绍："这是紫荆花，这是茶花，这可是我嫁接的，从小将它们固定成一定的形状，它们长大之后就是这个形状，这跟我们平时教育孩子是一个道理，在孩子小时候就需要多花心思，把他们教育好，培养他们良好的习惯和性格，如果小时候不教育好，长大之后再想教育，那是不行的。像这些小树苗，在它们幼小时不弄成形状，长大之后你再想对它们塑形，那肯定会折断树枝的……"看来，杨大叔不仅种出了兴趣，还种出了"心得"。

有时候跟杨大婶闹别扭了，听着杨大婶的唠叨，大叔也不生气，只是笑呵呵地去看自己的花花草草。实在无聊的时候，他就跟家里的小猫小狗说话，嘴里直嚷着："猫咪，别懒了，你看太阳都照到屁股了，还在睡觉，快去看看屋里藏没藏着老鼠，快去，抓到了老鼠，晚上有红烧肉作为奖励。"也不知道小猫是听懂了，还是明白了他的意思，竟然真的撑腰起来，到屋里活动去了。

杨大叔是幸福快乐的，因为他只生活在自己的世界里，在那个世界里，没有烦恼，没有忧愁，有的只是娇艳的花儿、青翠的树木、调皮的小猫、乖巧的鸽子、忠实的小狗，没有人事复杂的劳累，所以，杨大叔才会那么一直"乐呵呵"地活着。试想，那些终日被功名利禄所劳累的人们，如果你看见了杨大叔的生活，是不是也会心生几分羡慕呢？

减压启示

生活中，来自大自然的花草鸟鸣，给我们带来几分清新和快乐，让我们的心灵受到一种前所未有的简单之感。在花草鸟鸣中，我们的心灵不再沉重，有的只是无限的快乐，以及祥和的心境。

心理减压法

抓住零碎时间，让生活更充实

塞涅卡说："人类最大的敌人就是胸中之敌。"在现代人的字典里，"空虚"这个字眼所蕴含的重量似乎越来越重，许多上班族都有这样的经历："我有工作，但是一天什么事情都不想干，总是提不起精神，面对着电脑也不知道自己要做些什么，真不知道以后的日子该如何走下去，心里空虚得要命。"空虚是一种消极的状态，不能明确自己的目标，不知道今后的路该怎么走，更重要的是，在这样的心理状态下，压力很容易"钻"了空子。他们常常因压力而胡思乱想，把怒火撒到其他人身上，还自认为生气是很有道理的。所以，如果你是一个空虚的人，需要时刻警惕，不要让自己掉入压力的陷阱。

在生活中，人们往往存在着不同的心态，有的人乐观，有的人却悲观，乐观的人情绪平和安静，而悲观的人很容易受到情绪的波动。其实，空虚本身就是一种悲观的心态，空虚的人很容易陷入自我休眠中，因为找不到前方的路而迷失了自我。心中没有前进的方向，没有心灵的归宿，因而，他们总是花很多的时间和精力来想一件事情，哪怕只是一件微不足道的事情，想着想着，就产生了压力。内心的无力感让他们有了诸多不安的情绪，在很多时候，他们自己也很想从空虚感中摆脱出来，可是，越是空虚，越是容易感到压力，越是感到压力，越感到前途渺茫。在这样的情绪循环中，情绪越来越汹涌，并渐渐控制了他们。

在人生的旅途中，成败得失、恩恩怨怨，乃至空虚寂寞，始终伴随着我们。如果我们总是把这些伤心的、烦恼的、无聊的事情记在心中，永远留在心里，无异于给自己背上了沉重的包袱，套上了无形的枷锁，同时，也让郁积在心中的不良情绪有了可乘之机。

有时候，为了摆脱空虚，他们会沉浸到另外一种无聊的生活中，漫无目的地游荡、闲逛，消磨大好时光，因此，空虚对于我们百害而无一利。

那么，面对空虚，我们该怎么调整自己呢？

1. 有理想

俗话说："治病先治本。"空虚主要源于对理想、信仰以及追求的迷失。知晓了空虚产生的根源，那么就要对症下药。树立远大的理想、拟定明确的人生目标，这就是消除空虚的最有力的武器。当然，这并不是说你树立了目标，空虚就被驱赶走了，而是当我们坚定地朝着自己的目标前进的时候，空虚才会慢慢地离我们而去。

2. 提高心理素质

有时候，即使是两个人生活在同一个环境中，但由于心理素质不同，其结果也会不同。有的人遭遇了一点点挫折就偃旗息鼓，他们很容易就陷入空虚中；有的人面对困难却丝毫不畏缩。所以，提高自我的心理素质，也能够将空虚及时地消灭，不给它进一步侵蚀心灵的机会。

3. 保持一份热情

生活本身是美好的，主要是看我们以怎样的态度去面对。对生活缺乏热情的人，他们心中只有空虚，以及百无聊赖的寂寞，而那些对生活充满了热情的人，哪怕是蓝天白云，高山大海，他们依然积极地去感受大自然的美丽。那份热情填补了生活的空白，哪还有精力和时间去空虚呢？

减压启示

从心理学角度说，空虚是一种消极情绪。那些空虚的人，无一例外都是对理想和前途失去信心，对生命的意义没有正确认识的人。他们对现实消极失望，以冷漠的态度对待生活，遇人遇事就摇头。然而，如果你的生活被不断地充实起来，压力就无处遁形了。

心理减压法

闲暇时光，约上三五好友

从弗洛伊德时代开始，心理分析家就知道，假如一个病人可以开口说话，仅仅是将话说出来，那他心中的忧虑就可以减轻。心理学家表示，一个人说出自己的忧虑之后，就可以更清晰地看到身上存在的问题，就可以看到更好的解决方法。或许，其中的奥秘是无法被探知的。不过，几乎每个人都知道倾诉心中的烦恼，或者发泄一下胸中的闷气，马上就会让人感到浑身轻松。

英国思想家培根曾说："如果你把快乐告诉一个朋友，你将得到两个快乐。而如果你把忧愁向一个朋友倾吐，你将被分掉一半的忧愁。"分担，是一件有趣的事情，可以让我们的快乐加倍，让我们的痛苦减半。当你发现自己被那些怒气缠绕，而且无力摆脱的时候，千万不要让它憋在心中，要学会宣泄情绪，学会向知己好友倾诉心中的烦恼，让自己摆脱闷气的缠绕。面对不良情绪，唯有主动释放，理智宣泄，否则，后果将不堪设想。

不难发现，每个人都有倾诉的欲望。有时候，心中的烦闷可能是关于隐私之类的话题，那怎么办呢？事实上，我们应该明白，在任何时候，知己好友都是我们心灵的伴侣，在朋友面前，又有什么可丢脸的呢？当然，倾诉自己的烦恼时，我们需要选择值得相信的朋友。

在生活中，当我们遭遇工作或生活上的烦恼时，不妨找一个人聊聊天、诉诉苦。当然，我们所找的聊天对象应是自己信任的人，这样才可以放心地将自己心中全部的苦水和牢骚说给对方听。遭遇烦恼之后，我们可以寻找一个信任的人，与他约好一个时间聊天。当然，这个信任的人可以是亲人、心理医生，也可以是律师。我们可以对他说："我希望你能给我出出主意，我现在遇到烦恼的事情了，我希望你能听我说说，然后给我出出主意。或许，你站在不同的立场可以给我一些忠告，看到一些我自己不曾发现的问题。当然，即便你无法给我一些意见，只要你愿意听我诉苦，我就非常感激了。"

当然，除了与朋友聊聊天，还可以尝试以下的方法：

1. 找人一起唱歌

其实，唱歌也是一种很好的减压方式，但是要注意的是，我们需要叫上那些玩得比较开的朋友，一群人在一起尽

心理减压法

兴地唱和跳,这种感觉会很放松。当然,如果允许,可以喝一点点红酒,微醺的感觉更好。

2. 去骑行

一辆单车,一个旅行包,就能够进行一场短暂而又放松的旅行了。现在社交软件比较发达,我们身边也有很多骑行组织,你可以选择一个合适的群体,然后一起去骑行。归来之后,洗个热水澡,好好地睡一觉,相信整个人会轻松很多。

3. 玩玩游戏

当觉得自己内心压力较大的时候,可以玩玩游戏,在游戏的世界里尽情地放松、驰骋,整个人的心情就会感觉轻松很多。不过凡事记得适可而止,不能过度沉迷其中。

减压启示

我们根本无须为了证明自己的勇敢和坚毅,而把所有的事情自己扛。要知道,与朋友相处贵在相互帮助,彼此扶持。如果遇到问题只是一个人扛着,不但会遭到误解,还会因此而导致不良后果。换个角度来说,遇到问题找朋友分担,也是对朋友的爱和信任,还是另一种增进感情的方式。

看电影听音乐，在艺术世界里徜徉

缓解内心压力、发泄负面情绪的方法很多，其中不乏看看电影、听听音乐这样既轻松又恰当的方式。那些轻松、畅快的音乐不仅能给人带来美的熏陶和享受，还能够使人的精神得到放松。所以，当你在紧张、烦闷的时候，不妨多听听音乐，让优美的音乐来化解精神上的压力和内心的苦闷。和音乐有着相同"疗效"的还有电影，曾经有位朋友这样说："每次心里感到苦闷的时候，我就看一些喜剧，边看边笑，到现在为止，我已经记不清楚自己看了多少部了。"足以见得，电影能带给我们轻松的心境。

音乐和电影逐渐成为了许多人发泄情绪、释放压力的方式之一，有了音乐和电影，就算一个人待在黑暗中也会感到安全，感觉到充实。音乐所带给我们的除了愉快，还有一份灵魂的寄托。

烦闷、愤怒时，人们都更倾向于听自己最喜欢的歌曲。其中，轻音乐是最好的一个选择，因为它不像摇滚乐那样刺

心理减压法

耳、嘈杂，更适合需要安抚的心境。

轻音乐可以营造温馨浪漫的情调，带有休闲性质，因此又得名"情调音乐"。当你轻轻地闭上眼睛，再放上轻音乐那一尘不染的天籁之音。你就会发现那些不沾尘埃的一个个音符，静静地流淌着，带走了一直压在心中的忧虑，让你的心灵在水晶般的音符里沉浸、漂净。清新迷人的大自然风格，返璞归真的天籁，如香汤沐浴，纾解胸中沉积不散的苦闷，扫除心中许久以来的阴霾，让你忘记忧伤，身心自由自在。

在充满竞争的现代社会，每个人会或多或少地遇到一些压力。压力既可以成为我们前进的阻力，自然也可以变成动力，很多时候，需要看我们如何去面对。这个社会是不断进步的，人在其中不进则退，所以，在遇到压力的时候，最有效的办法就是缓解压力，如果暂时承受不了，就不要让自己陷入其中，可以通过看电影、听音乐，让自己紧张的心情渐渐放松下来，再重新去面对，这时，你往往会发现自己的压力并没有那么大。

除了听音乐、看电影等这样的具体方式，我们还需要调整心态。

1. 以积极的心态来面对压力

有的人总是喜欢把别人的压力放在自己身上，比如，看到同事晋升了，朋友发财了，自己总会愤愤不平：为什么会这样呢？为什么就不是自己呢？其实，任何事情，只要自己尽力了就行了，任何东西都是急不来的，与其让自己无谓地烦恼，不如以积极心态来面对，努力调整情绪，让自己的生活更加丰富多彩。

2. 解开心结

人们在社会生活中的行为像极了一只小虫子，他们身上背负着"名、利、权"，因为贪求太多，把负担一件件挂在自己身上，舍不得放弃。假如我们能够学会放弃，轻装上阵，善待自己，凡事不跟自己较劲，这样，我们的压力自然就得到缓解了。

3. 转移压力

面对生活的诸多压力，转移是一个很好的办法，当压力变得太沉重，我们就不要去想它，把注意力转移到让自己轻松快乐的事情上来。当自己的心态调整到平和以后，就不会再害怕眼前的压力了。

4. 感激压力

人生不可能没有压力，若是没有压力，我们的人生就不会得到进取。没有压力,我们的生活或许变了模样。因此,当我们尽情享受生活的乐趣时,应该对当初困扰我们的压力心存一份感激,因为有了压力,我们才能走得更远。

减压启示

其实,音乐和电影有一个共同的特点,它们都是艺术。当一个人被负面情绪所困扰,感到精神压力巨大的时候,把自己置身于艺术的境界中,卸下心中的负担,你会发现,自己会感受到一种前所未有的轻松,畅游在艺术的殿堂里,忘记了烦恼,心绪变得平静,心境变得宁静,那些压力、愤怒都在这样的心境中慢慢释放,最终,我们的心回归到一种平静。

因人而异，找到属于你的减压方式

法国作家大仲马说："人生是一串由无数的小烦恼组成的念珠。"在日常生活中，烦恼、怨恨、悲伤、忧愁或愤怒等不良情绪都是常见的情绪反映，这些都容易成为内向者的典型情绪。内向者生闷气的时候，实际等于整个人都陷入了不良情绪之中，容易产生孤独感和抑郁症，缺乏积极进取的精神。总而言之，生闷气会让一个人变得郁郁寡欢，因此，我们需要寻找让自己放松的方式。

培根说："无论你怎样表示愤怒，都不要做出任何无法挽回的事来。"美国前总统林肯如果在外面和别人生气了，回到家里就会写一封痛骂对方的信，当家人第二天要为他寄出那封信的时候，林肯会极力阻止："写信时，我已经出了气，何必把它寄出去惹是生非。"如何面对心中的种种不良情绪？当然是合理地宣泄，放松自己。

里根是一个性格温和的人，但是，有时候他也会发脾气。当他生气的时候，就会把铅笔或眼镜扔在地上，然后很

心理减压法

快就能恢复情绪。有一次，里根对侍从人员说："你看，我在很久以前就学会了这样一个秘诀：当你生气时，如果控制不住自己，不得不扔掉一些东西来出气，那么就可以把它扔在你的面前，一定不要扔得太远了，这样捡起来就会省力很多，捡起了东西，心情自然也就放松了。"

其实，在很多时候，所谓的放松方式就是发泄心中的烦恼，无压力地宣泄不满情绪，将心胸放开，这样就会减少一些不必要的烦恼，而且避免了这样的不良情绪感染到其他人。不良情绪是由于心理上失去了平衡，或者是自己的要求和欲望没能得到满足。因此，内向者可以转移心境，寻找一种轻松的方式，这样不良情绪自然就会消失了。

齐文王患了忧虑病，没能找到正确的治疗方式，时间长了，病情越来越严重，甚至到了卧床不起的地步。这时，大臣建议请名医来诊断病情，于是，齐国派人到宋国去请来名医文挚给予医治。文挚查看了齐王的病情，判断出必须采取一定的方式来赶走病人心中的闷气，但是，又顾虑这样会惹怒齐王而惹来杀身之祸。对此，齐国太子向文挚保证，无论如何都会保证医生的安全。于是，与文挚约好了看病的时间，但是，文挚却连续三次失约，齐王对此十分恼怒。

后来，文挚终于应约而来，但是，他不脱鞋就上床，践踏齐王的衣服问病，气得齐王不搭理他。这时，文挚用粗话刺激齐王，齐王终于按捺不住，翻起身来就大骂，没想到，齐王的病却因此好了。

有人在愤怒时暴跳如雷，面红耳赤，实际上，这就是一种能量发泄。人们常说："言为心声，言一出，心便安。"唱歌、怒吼等也不失为一种轻松的方式。

1. 大声哭泣

哭泣是一种行之有效的发泄方式，大部分人在哭过之后，心情就会好受一些。威廉菲烈博士说："哭可以将情绪上的压力减轻40%，哭是健康的行为，值得鼓励。"

2. 将不良情绪写出来

将心中的烦闷写出来，这也是一种自我放松的方式。一般情况下，写诗、写日记都能够有效地发泄郁积在心中的不良情绪，使情绪恢复平静。而且，从心理学上说，适当发泄长期以来积压的闷气，可以减轻或消除心理疲劳，比起将闷气郁积在心中，将怒气发泄出来会更好，这可以使我们变

心理减压法

得轻松愉快。不良情绪就像夏天的暴风雨，需要我们适当发泄，这样才能净化周围的空气，缓解心中的紧张情绪。不良情绪只会让我们变得越来越抑郁，想要自己获得全身心的轻松，我们必须寻找一些轻松的方式，发泄心中不满的情绪，驱赶心中的消极情绪，将自己解脱出来。

3. 大声吼叫或大声歌唱

有些情绪不满者会向远处的大山大叫，以发泄心中的怒气。或许，对于每一个人而言，他们都有着不同的放松方式，但是，我们最终的目的是赶走郁积在心中的闷气。

4. 激烈运动

有一位商人在谈到自己放松的方式时，说："当我自知怒气快来的时候，就连忙不动声色地想办法离开，跑到自己的健身房，如果我的拳师在那里，我就跟他对打；如果拳师不在，我就猛力地锤击沙袋，直到发泄完自己的满腔怒火，整个人轻松下来为止。"

减压启示

如果你也把握不好自己的心境，或者你此时心乱如麻，暂时忘却也是一种美丽的境界。现实生活中，当我们处于压力的困扰中时，找一个释放自己内心深层感触的港湾也是一种别致的情怀。暂时的忘却能让心灵得到抚慰和歇息。让心拥有一刻的洒脱，释放心中的苦闷，得到暂时的宽慰，然后正视自己，面对生活。

07

透视性格：有什么样的性格，就有什么样的忧虑

不同性格特征的人对压力的感受是有所区别的，一些追求完美、争强好胜、缺乏耐心、喜欢猜忌、时间紧迫感强、每天忙忙碌碌的人，在面对压力时，其性格中的不利因素就会显现出来。所以，直面自己的性格，因为有些压力纯粹是自己性格导致的。

怀疑型——尝试着信任，才能收获安全感

猜忌是人性的弱点之一，一个人假如掉进了猜忌的陷阱，那必定会处处较真，神经过敏，对他人失去信任，对自己也心生疑窦。猜忌的人总是痛苦的，因为他在不断与自己较真，在这个过程中，他痛苦，甚至疯狂，那种纠结于内心的痛苦是旁人无法体会的。那些习惯猜忌、猜疑心很重的人，整天疑心重重、无中生有，认为每个人都不可信、不可交往。不知道在什么时候，信任已经变成了奢侈品，我们经常会看到一些因信任而上当受骗的例子，因此就连我们自己也不再愿意轻易地相信某个人了。不过，我们始终不能忘了，信任是我们生活中最不可少的一件事情，如果缺少了信任，我们的生活就失去了阳光，世间也会少了许多温暖。

曹操是一个喜欢猜忌别人的人，因此，因为猜忌心，他也做了不少冤枉别人的事情。

曹操刺杀董卓失败后，与陈宫一起逃至吕伯奢家里。

由于曹吕两家是世交，吕伯奢见到曹操来了，就想杀一头猪款待他。但曹操一听到庄后有磨刀的声音，便怀疑人家要加害自己，一声"缚而杀之"，更让他深信不疑。于是，曹操不分青红皂白，不问男女，杀了吕伯奢一家大小。一直杀到厨房，发现被捆着等待挨刀的大肥猪，才知道自己错杀了好人。

尽管如此，曹操还是赶紧与陈宫急忙逃出庄外，正好路遇沽酒回来的吕伯奢，这时的曹操没有半点的愧疚之意，为了达到防止被追杀的目的，他竟然对自己父亲的结义金兰举起了带血的屠刀。

此外，曹操还有一大心病，他唯恐别人会趁自己睡觉时加害自己，于是常常吩咐左右："我梦中喜欢杀人，我睡着的时候大家不要靠近。"有一天，曹操在帐中睡觉，被子掉在了地上，一个侍卫过来帮曹操把被子盖好。曹操跳起来，拔剑杀了侍卫，又上床继续睡觉。醒来之后，曹操故意惊问道："是谁杀了侍卫？"左右据实报告，曹操痛哭，命令大家厚葬侍卫。其实，曹操知道，自己是在有意识的状态下拔刀杀人的，但又唯恐失天下人之心，因为猜忌，可谓是欲盖弥彰。

曹操的疑心病伴随了他一生，在这个过程中，他自己也是痛苦不堪。他每天不断地猜忌，猜忌有谁对自己不忠不敬，猜忌谁对自己有所企图，终日为猜忌所累，这才是疑心病给他带来的最大痛苦。

对每一个人而言，可以完全被一个人信任是一种幸福，可以毫无保留地信任一个人也是一种幸福。当然，大胆地相信他人不是一件容易的事情，信任一个人有时需要许多年的时间，有些人甚至终其一生也没有真正地信任过任何人。

1. 不要因为自己的猜忌而失去对别人的信任

有时候，我们难以去信任别人，问题不在于别人，而在于我们自己。因为我们总是猜忌，总是猜疑别人对自己是不是有不好的企图，是不是为了加害自己，这样的想法多了起来，我们就难以对他人给予信任。有时候，对方明明是值得我们信任的人，但因为猜忌，我们经常会失去这种信任。

2. 多一些信任

信任有时候仿佛是易碎的玻璃花，哪怕只是一句玩笑，都会对信任产生影响。当然，信任通常是经过多年的接触才能建立起来的，同时，这样的信任也是经得起考验的，当我们心中有了一点猜忌的时候，为什么不能对他人多一些信任呢？

减压启示

"建立信任感是成大事者的最大关键。"一个人要想赢得大家的信任,一定要下极大的决心,花费大量的时间,不断努力才能做到。人与人的交往,是建立在诚实守信的基础上的。成功者信守承诺,珍视合作的基础,以诚实取信于人。如果总是投机取巧,终有一天路是难以走下去的。

心理减压法

完美型——缺憾才令人生更完整

追求完美，是完美型人的追求，在生活中，他们总是在追逐完美，在追逐的过程中，无数的烦恼困扰着他们，越是较真，越是觉得心累。或许，在任何人的心中，完美都是一座宝塔，我们可以在内心里向往它、塑造它、赞美它，但是，我们却不能把它当作一种现实存在，这样只会让我们陷入无法自拔的矛盾之中。在某些时候，我们应该放下苛刻，别被不真实的完美压垮。

有个学生在课堂上向沙哈尔提问道："请问老师，您是否知道您自己呢？"沙哈尔心想：是呀，我是否知道我自己呢？他回答说："嗯，我回去后一定要好好观察、思考、了解自己的个性，自己的心灵。"

沙哈尔教授回到家里就拿来了一面镜子，仔细观察着自己的外貌、表情，然后分析自己。首先，沙哈尔就看到了自己闪亮的秃顶，想："嗯，不错，莎士比亚就有个闪亮的秃顶。"随后，他看到了自己的鹰钩鼻，心想："嗯，大侦探福尔摩斯就有一个漂亮的鹰钩鼻，他可是世界级的聪明大师。"看到了自己的大长脸，就想："嗨！伟大的美国总统林肯就是一张大长脸。"看到了自己的矮个子，就想："哈哈！拿破仑个子就很矮小，我也是同样矮小。"看到了自己的一双八字脚，心想："呀，卓别林就是一双八字脚！"

于是，第二天他这样告诉学生："古今国内外名人、伟人、聪明人的特点集于我一身，我是一个不同于一般的人，我将前途无量。"

或许，在别人看来，本·沙哈尔的长相不出众，算不上完美，但是，他很会欣赏自己。怀着这一份知足常乐的心态，他将自己身体的每个部分都与名人、伟人、智者扯上了关系，那么，即使自己的外貌不是完美的，但是自己一定是一个前途无量的人。本·沙哈尔不再苛责，因此他收获了一份最简单的快乐。

一个失意的人找到了智者，他向智者诉说着自己的遭遇和无奈，哀叹道："为什么在我的生命里总是找不到绝对的完美呢？"智者沉思了许久，问道："可能是你自己对这个

心理减压法

世界苛责太多，所以烦恼才会找到你。"说完，智者舀起了一瓢水，问失意者："这水是什么形状？"失意者摇摇头："水哪有什么形状？"智者不语，只是将水倒入了杯中，失意者恍然大悟："我知道了，水的形状像杯子。"智者没有说话，又把杯子里的水倒入了旁边的花瓶，失意者说："我知道了，水的形状像花瓶。"智者摇摇头，轻轻拿起了花瓶，把水倒入了盛满沙土的盆里，水一下子渗进了沙土，不见了。智者低头抓起了一把沙土，叹道："看，水就这么消逝了，这也是人的一生。"失意者陷入了沉思，许久才说道："我知道了，您是通过水来告诉我，社会处处就像是一个个不规则的容器，人应该像水一样，盛进什么样的容器，就成为什么形状的人。"

智者微笑着说："是这样，也不是这样，许多人都忘记了一个词语，那就是滴水穿石。"失意者大悟："我明白了，人可能被装于规则的容器，但也能像这小小的水滴，滴穿坚硬的石头，直至突破。我们要像水一样，能屈能伸，不能要求多么规则的容器，而是需要做到既能尽力适应环境，也要保持本色，活出自我。"智者点点头，说道："当你不再追逐完美，放下了心中的苛求，你会发现，任何事物都是完美的，自然，你也获得了久违的快乐。"

生活的快乐在于简单，生命的美丽在于真实，纵然有诸多缺憾，但是，它却是无法复制的无与伦比的美丽。不必较真，不必苛求，没有必要去追求一些不真实的完美，因为美丽的事物总会伴随着一些缺憾。

1. 放下苛责的心态

追逐完美本身就是一种苛责的生活态度，为了达到心中的完美，人们苛责自己、苛责他人，苛责一切的人和事。在现实生活中，所谓的"完美"终究伴随着缺憾，即使自己努力苛责，那些人和事依然达不到绝对的完美。在这个世界上，本来就没有绝对完美的事物，如果我们一味地将追求完美的茧一层一层地套在身上，那么，最终我们也会永远被困在这重重的包裹之中。

2. 以平常心看待缺憾

每个人的一生中总会经历不同的坎坷或挫折，没有一个人可以保证他就是完美无缺的。上帝对于每个人来说都是公平的，他给予了你一样东西，肯定会拿走另一样东西，关键是你如何去看待生命里的缺憾。

减压启示

一个人不能在自我怜悯中空虚地度日，最重要的是，我们不应该事事较真,而是要学会珍惜眼前的幸福。智者说:"追求完美是人类正常的渴求,同时也是人类最大的悲哀。"我们应该放下内心的苛刻,放弃追逐完美的诉求,最终拥抱简单的快乐。

自我型——自怜何来轻松快乐

在现实生活中，大多数人都喜欢自怜，尤其喜欢抱怨，而抱怨的对象总是脱离了自己，要么是怨天，要么就是怨他人。当"我该多么可怜啊"这个意识弥漫于全身，宣泄出内心的烦闷，每个人都会有奇妙的感觉。有时候，我们总是患得患失，所以常常会滋生自怜的心态，从心理学上讲，这是一种病态心理。如果在日常生活中遭遇了挫折与困难，自己越是痛苦，就越是自怜。或者，在某种程度上说，自怜是一种自我保护，但是，过度的自怜会令我们迷失自我，在极力想包裹自己的同时，我们也被苦难所吞噬了。

女儿总是向父亲抱怨自己的生活，抱怨每件事都是那么艰难，自己快活不下去了。父亲没有言语，只是把女儿带进了厨房，他先烧开三锅水，然后往一口锅里放胡萝卜，在第二口锅里放鸡蛋，在最后一口锅里放咖啡粉。然后，父亲将食物用开水煮，大约20分钟之后，父亲把火关了，分别将

心理减压法

胡萝卜、鸡蛋、咖啡舀出来。这时,他才转过身问女儿:"孩子,你看见什么了?"女儿回答:"胡萝卜、鸡蛋、咖啡。"父亲让女儿打破了鸡蛋,将蛋壳剥掉,最后,让女儿喝了咖啡,女儿笑了,她小声问道:"父亲,这意味着什么?"父亲解释说:"这三样东西面临同样的逆境——煮沸的开水,但它们的反应却各不相同。胡萝卜入锅之前是强壮的,毫不示弱,但进入开水之后,它变软了,变弱了;鸡蛋原来是易碎的,但是经开水一煮,它的内心变硬了;而咖啡是粉状的,进入沸水之后,它们变成了水。"父亲停顿了一下,问女儿:"哪个是你呢?当逆境找上门来时,你该如何反应?你是胡萝卜,是鸡蛋,还是咖啡?"

在挫折面前,不同的人,他们的反应也是各不相同的。自怜的人总是害怕自己受到伤害,不敢直面挫折,他们就像那煮烂的胡萝卜一样,即使外表坚强,但内心却因为太自怜而最终走向了毁灭之路。自怜是我们战胜挫折或逆境过程中的绊脚石,它使我们的心理承受能力变得很差,还没有正面迎接挑战,就宣告了自己是个弱者。三毛曾说:"我是个自爱但不自怜的人。"大多数自怜的人,最后会作茧自缚。

在人生道路上,不可能总是一帆风顺,挫折与困难是在所难免的。可是，我们绝不能承认自己是个自怜者而选择退缩，而应该理智地面对它，冷静地找到战胜它的办法。自怜者面对突如其来的挫折会选择后退，或者是消极抵抗，只有那些勇敢挑战的人，才能够采取积极的态度来面对挫折，最终战胜挫折。

1. 从小事中获得成功经验

从小事做起，不断积累经验，体验成功的感觉。成功的积累会提升一个人的自信心，而自信心本质上就是一种自我良好的感觉。当自怜产生时，不应该沉浸在自怜的情绪中，而应该给自己制订几个小目标，哪怕是看几页书，做一次家务劳动，散步半小时等，在做这些事情的过程中，自怜就会消失，而自己会变得愉悦和充实。

2. 多运动

运动可以增强一个人的自我感觉，不管是跑步，还是打球，你会感觉自己在控制自己的身体，会让你体验到"我存在"的感觉。通常在跑步之后，内心会产生正面情绪，感到更快乐。这也是一些抑郁的人可以通过运动减轻内心压力的原因，借由身体释放了抑郁的情绪，从而获得对生活的支配感。

3. 少玩手机和电脑

每个人都有这样的感觉，专心地做一件事情时并不会感觉到累，无所事事地玩手机和电脑才会感到累。因为当你每天都在玩手机和电脑时，脑子里总有一些复杂的念头，内心没有安静过，而且伴随着悔恨和自责，感觉自己浪费了时间。如果你利用玩手机和电脑的时间，做了自己想做的事情，你体验到的自信心就会更多，那种自我意志的胜利也会令自己更开心。

4. 通过静坐、冥想的方式让自己安静下来

当你感到内心烦躁不安，没办法安静下来的时候，那表示你的心已经被外在事物所占据，旁边人做的一个小动作也会让你无法安心做事情。这主要源自内心的不安，你不妨静坐半个小时，或冥想十分钟，不受外物的影响，始终保持平和的心态，让自己的心完全安静下来。

5. 养成健康的作息时间

人们总喜欢熬夜，想改变却一直从未改变，自身的控制力在不断地削弱，那种内心的沮丧和自我谴责感会不断加深。人们的梦想和计划受挫，只是两个小问题导致的：早上起不来床，晚上下不了线。如果一个人能养成健康的作息时间，就会增强自我控制感，而且能实现久违的梦想。

6. 接纳生活中的失控和失序感

虽然完全控制生活的感觉很好，不过我们必须承认自

己根本不可能控制一切,因为我们无法掌控未来,无法掌控别人,甚至连自己都没办法掌控。失控和失序是生活中常见的事情,如果你努力掌控一切,反而会给自己带来一种焦虑感,适度地放松自己,对身心健康是很有帮助的。

减压启示

有时候,大多数的病痛源于自怜,正所谓"病由心生",自怜成为病痛的催化剂,越发严重的病痛越发加剧自怜,自怜的加剧再诱发更深层次的病痛,最后只能深陷其中而无法自拔。

心理减压法

较真型——凡事别过分执着

在很多时候，过分执着并不是一种好品质。它就像是一个魔咒，禁锢着我们的身心，似乎我们不朝着之前的方向继续下去就对不起良心。执着本身是一种可贵的品质，但凡事都有一定的限度，适当的执着会体现出我们个人的魅力，同时也可以让问题变得更简单一点。但太过分的执着则会不自觉地将自己的身心束缚，我们总是放不下，不愿意放弃，固执地朝着一个方向前进，不管前面是康庄大道，还是死胡同，如果我们最终闯入的不过是死胡同，这种执着的后果也是可悲的。虽然，对生活执着是一种坚定的信念；对工作执着是一种精神寄托；对爱情执着是一种人生的美丽，但若是应该放弃时不放手，就会使自己不堪重负而活得很累，甚至有可能走向另外一种悲惨的结局，同时也让自己身心疲惫。

生活中，有的人活得像小河里的溪水，虽然平静无波，却有顽强的生命力和战斗力，它能够经受暴风骤雨的侵害，也可以坦然面对夏日骄阳的炙烤，它从来不在乎世界会有怎样的变化。人活着也一样，要有信念，但不能过分执着，不能与生命较真，不妨学会顺其自然，对生命中的意外和阻挠不必过于强求，也许这样方能阻止自己生命的脚步过快地到达终点。

有些事情既然已经发生，毫无回旋的余地了，那我们就要学会接受，而不是太过于执着。过分执着只会让自己更加疲惫，不如放松身心，给自己一个舒适的心灵环境。

1. 适时修正自己的信念

人生需要有信念，这样我们的生命才有前进的方向。但是，信念只有与自己合拍，才能更好地发挥出引航员的作用。对此，在人生的路途中，我们要适时修正自己的信念，让它与自己合拍，对于某些不切实际的想法，我们不应太较真，而是应该学会放弃，适时找到适合自己的人生信念，这样我们的生命才会更加绚丽灿烂。

2. 与其走向死胡同，不如拐弯走向另外一条大道

如果我们希望与别人合作，自己已经明确地表达清楚意图，但对方却毫无回应，在这样的情况下，与其继续留下来攻坚，把时间花在啃掉这块硬骨头上，不如转身离去，把精力用来寻找新的目标。每个人做事都有自己的理由，放弃攻坚是对别人的尊重，是一种明智的选择。大量事实表明，第

心理减压法

一次不能成功的事情，以后成功的概率也是很小的，纠缠下去只会惹人厌烦，这样并没有太大的意思，与其把80%的精力耗在20%的希望上，不如以20%的精力去寻找新的目标，说不定还有80%的希望。

减压启示

人的一生就好像花开花落，没有什么花是永远不凋谢的，对待上天的安排，我们应该顺其自然，千万不能太过于执着。太较真是一种疼痛，一种心魔，它不断侵蚀我们内心简单的快乐，最后，我们只会满身疲惫地倒下。

全爱型——千万别做老好人

"老好人"是人们对一个人人格的赞许,因为他们对别人总是有求必应,哪怕自己会因此感到痛苦,也不会拒绝。对此,美国心理学家莱斯·巴巴内尔认为,为人友善是应该的,不过在能力不足或自己繁忙时,懂得拒绝也是应该的。不懂得拒绝的人并不值得赞美,因为其外表的友善掩盖了一系列的心理和精神问题。巴巴内尔在其著作《揭开友善的面具》中写道,这类人的病理状态名为"看管人性格紊乱"或"友善病"。他们之所以表现得很友善,有可能存在天生的人格问题,如自卑或孤僻,也可能是受到不好的家庭教育,如家教过严,从小就不敢顶嘴或辩解。

王女士的亲友有问题就爱向她求助,一个侄女每天给她打电话,声泪俱下地控诉丈夫,而且一说就是数小时。王女士的其他朋友也是遇到问题就找她帮忙,她从来都不知该如何拒绝别人。王女士在私下里说,她已经身心俱疲了。有一次，一位同事向她倾诉，她只能放下自己的事情安慰同事。"我当时真想让她闭嘴，但不知如何开口。"

人不懂得拒绝的原因竟然是取悦别人，当然，这些人的心态存在逻辑的缺陷和错误。一旦拒绝了对方，无法取悦对方，他们就会产生沮丧、焦虑、自责和内疚等消极情绪，结果自己就会在适得其反的紧张循环中难以自拔。这样的人要学会控制自己的思维，毕竟总想取悦对方的心态是不靠谱的。思想会促使自己为取悦于人的习惯找理由，从而让这些习惯根深蒂固，如养成付出的习惯，不懂拒绝的习惯，甚至这样的思想还会纵容自己继续逃避，产生可怕的情感。

2001年布莱柯的《讨好的毛病：治疗讨好他人的综合征》一书问世，如同一颗重磅炸弹在美国社会中炸开，不但一下子成为了畅销书，而且在著名电视主持人奥普拉·温弗里的电视节目里成为讨论的专题，直到今天，这依然是大众心理学不可错过的好话题。

在书中，布莱柯认为，一心当好人原来并非没有问题，而可能是一种有害的心理疾病，它源自"好人"对自己个体价值的信心匮乏，渴望用对他人做好事来赢得肯定与赞美。这样的渴望一旦成为心理定势，就会严重降低行为者的判断力和自控力,成为一种习惯和依赖。

你是否是老好人,这是可以测试的。请根据自己真实情况,进行一次"体检",请回答"是"或"否"。

(1)与其说出分歧之处,我试图强调我们的共同之处。

(2)在问题解决的过程中,我试图找到一个妥协性的解决方法。

(3)我可能努力缓和他人的情感从而维持我们的关系。

(4)我有时牺牲自己的意志,而成全他人的愿望。

(5)为避免不利的紧张状态,我做一些必要的努力。

(6)我试图推迟对问题的处理,使自己有时间做一番周全的考虑。

(7)我试图不伤害对方的情感。

(8)感到意见分歧总是值得人们担心的。

(9)我放弃某些目标作为交换,以获得其他的目标。

(10)我避免站在可能产生矛盾的立场。

如果你的回答中"是"超过半数,你就算是一个"滥好人"了。你总是模糊事情的真相,喜欢在灰色地带处理问题,因为喜欢扮演好人而不讲实话。

你善于缓和气氛，更会没原则地"和稀泥"。你缺乏创造力，工作效率不高，生活中没有特别偏激的观点，也不喜欢与人交涉，处处一副温良恭俭的低调姿态。

在美国，有一个叫"好人综合征"的说法，所谓的好人，是那些对别人十分亲切友善、十分好说话、有求必应、想方设法帮助别人、从来不考虑自己，并以此为荣的人们。对这些所谓的"好人"而言，当好人不但是一种习惯或行为方式，更是一种与他人建立的特殊人际关系。老好人所做的都是对别人有利、讨别人喜欢的事情，所以他们都收到了别人颁发的"好人卡"。实际上，其他人接受好人的乐于助人，都有意无意带着自私的目的，但好人却乐在其中，甚至一般人并不觉得这样做有什么问题。

1. "老好人"是一种行为偏差

老好人是一种行为偏差，甚至是生活或工作的某些方面出现了危机。老好人通常都是很普通的职员，他们工作十分努力，不过能力有限，于是，做好事成为他们博得别人另眼看待或赞扬的补偿方式。这样的人通常家庭或家庭关系可能有欠缺，童年得不到父母或兄弟姐妹的关爱，这会使他们更在意关系疏远者对自己的好感，不惜付出自己的百倍努力，甚至也有人对家人态度很恶劣，对外人却很好。

2. 缺少健康界限

老好人并非好人一个人的事，往往会弄得身边人也困扰，甚至给他人带来跟着受罪的感觉。对此，心理学家指出，一个人要保持健康的心理，有合乎情理的行为，必须保持一定的"健康界限"。也就是说，每个人都生活在某种身体、感情和思想的健康界限之内，这个界限帮助他判断和决定谁可以接纳，并接纳到什么程度，为谁可以付出什么，并付出到什么程度。

3. 有时候会带来坏情绪

有时候，老好人的思想会给人带来负面情绪。比如，当朋友需要你帮助，如果你做不到，就会感到内疚；假如领导需要你在工作时间做一些烦琐的事情，你若做不到，则可能感觉到的并非内疚，而是担心领导不高兴。

减压启示

在朋友、同事眼中，你是否是一位典型的老好人？为人和善，在与人发生冲突时，哪怕自己是对的，也从不辩解；有人请求帮忙，从来不懂得拒绝；为了交际，甚至有时会放弃原则去获得人际关系的一种和谐。事实上，好人情结也是一种心理偏差。

08

职场减压法：不要被工作的烦恼所累

现代人的压力主要来源于两个方面，一方面是生活，另一方面是工作。其中工作压力不容小觑，比如，担心公司倒闭、被老板骂、被炒鱿鱼，当然还有办公室复杂的人际关系等。职场减压做不好，工作也就做不好，所以，别为工作中的烦恼所累。

找到压力根源，彻底歼灭它

工作中的压力真的可以减少吗？或者说，真的会有一种方法可以有效地减少工作上的压力吗？许多人总会表示不屑：自己已经工作这么多年，难道会没有减少工作压力的方法？这个话题本身就很荒谬。然而，在日常工作中，我们经常会出现这样的情况：花一两个小时开会讨论问题，却没有人清楚真正的问题在哪里。那么，压力就产生了。当然，别人无法帮助你减少工作中的压力，因为关键在你自己，其他人根本无法帮助你。只要你足够努力，相信你是可以成功地减少压力的。

许多年前，约翰满怀热情，加入推销保险的行业中。后来发生了一些事情，约翰非常沮丧，他开始瞧不起自己的工作，几乎要决定放弃了。然而，在一个无所事事的周六早上，约翰坐下来试图找出自己压力的根源，他通过自问自答的方式，找寻到其中的端倪。

首先，约翰问自己"究竟出现了什么问题？"回顾自己的工作经历，约翰发现自己非常认真地去做业务，收到的效果却微乎其微。即便约翰与客户洽谈比较顺利，但到了关键时刻，那些客户无一例外地以"我再想想，你下次再来吧"搪塞了约翰。于是，约翰不得不花费更多的时间去再次拜访这些客户，在这个过程中，约翰感到非常沮丧。

然后，约翰开始问自己"是否可以找到有效的方法来解决问题呢？"为了很好地回答这个问题，约翰将过去一年的工作记录本打开，认真研究真实情况。令他感到惊讶的是，自己的工作时间差不多有一半都浪费在了那些成交量不大的业务上面。原来，在过去的工作经历中，明显地看出约翰在推销保险的过程中，初次见面就成交的占据了70%，第二次见面成交的占据了23%，第三次、第四次、第五次，甚至很多次才成交的占据了7%，而约翰恰恰将工作重点放在花费时间最多、成交量最少的业务上面。

最后，约翰问自己"那么最终的结果是什么呢？"显而易见，既然第二次以后的与客户见面没有必要，那就将这部分时间用于去拜访新的客户，说不定成功的概率还会大很多。

于是，他决定按照这个方法去做。结果是令人惊喜的，在很短的时间内，他的工作效率得到了很大的提升，差不多提升了一倍。

约翰曾经想放弃自己的工作，他差点就承认自己确实不适合做这行。不过，当他静下心来认真分析问题之后，他成功地找到了一种解决问题的有效方法，最终将自己引入了成功之路。

1. 收集足够多的事实

谨记这样一句话："世界上的压力，大多数是由于人们在没有足够的知识来做决定之前，就想做出决定。"一旦你收集了足够的事实，就不会造成这样的情况，你可以做出一个有效的决定。

2. 认真分析收集的一切信息之后再做决定

即便收集了信息，若不对信息加以分析，那也是无从收获的，这样做出的决定也是仓促的。

3. 马上将所做的决定付诸实际行动

一旦做出了非常谨慎的决定，就需要马上将其付诸实际行动，不要犹豫不决，也不需要为不必要的事情而感到压力。

08 职场减压法：不要被工作的烦恼所累

减压启示

你还在为工作而烦恼？还在因为工作上的烦恼想放弃自己的工作？那不妨按照下面的方法去做，说不定可以减少你的工作压力。

请用一支笔在一张纸上写下以下4个问题，然后自己回答，这样你就可以成功地找到有效的方法：第一，到底是什么问题让你感到压力？第二，问题是怎么导致的？第三，解决问题的有效方法是什么？第四，你觉得采用什么样的方法可以解决问题？

心理减压法

工作越高效，压力越小

时间观念的改变，会使一个人的生活更丰富、更充实，在管理时间、利用时间的过程中，你的做事效率必定也会有很大的提升。时间对每一个人来说，都是无法挽留的，它就像东逝之水，一去不复返。当一天结束时，时间不会留作明天待用。一个有所作为的人，必须学会有效地安排时间，有效地利用时间，更为重要的是优化自己的时间观念，提升自己的做事效率。

高效率意味着高投入，没有投入就没有产出，低投入只能带来低产出。对大脑的投资是一种决定命运的投资，要以最大最优先的投入对待。对大脑的投资也是一种产生最大效率和最大收益的投资，永远不会亏本。明白了这个道理，你才能拥有正确的时间观念，才会有获得财富和社会地位的能力，获得比别人更高的效率，跑在赛道的最前面。

诺斯古德·帕金森是英国著名的历史学家，他在分析了为何"大型组织大而无当，毫无生气"时指出："事情增加是为了填满完成工作所剩的多余时间。"这个结论告诉我们，工作效率低，是因为我们给了这个工作太多的时间。

帕金森描述了一位老太太花了一整天时间，寄一张明信片给她侄女的过程：花一小时找那张明信片；花一小时找眼镜；花个小时查地址；花一个半小时写明信片；用20分钟考虑寄信时要不要带伞。就这样，一个人只需花3分钟就能干完的事情，却让她花了一整天时间才干完，并且犹豫不决，疲惫不堪。

帕金森得出结论："做一份工作所需要的资源，与工作本身并没有太大的关系，一件事情膨胀出来的重要性和复杂性，与完成这件事花的时间成正比。"换言之，给自己很多时间做一件事，不一定能提高工作的效率。时间多反而越容易使人懒散，缺乏动力，效率低。一个学生平均成绩一直较低，家长只好让他修学分最低的功课。儿童心理学家却建议这个学生多修一些课。结果出乎大家意料，这个学生多修课后，所有功课成绩不降反升。事实上，这个学生要做的就是打起精神，提高学习效率。

我们常说，观念决定思路，思路决定出路。对待一件事情，一堆事情，一天的事情，甚至是更为长远的规划，能做到帕金森那样对利用时间、提高效率有清晰的认识，你投资大脑的工作就取得了卓越的成效，你将取得可喜的转变。

一些成功的企业家告诫年轻人，有什么样的思想观念，就有什么样的工作效果。不断地更新观念，不断地分析自己、认识自己、提高自己，才能改变不执行和浪费时间的不良习惯，提高整个企业的运转效率，自动自发地做好本职工作。

在这个世界上，做同一种工作的人不计其数，做同一种工作的方法更是数不胜数，其中不乏效率高的方法。这就需要自己去寻找、去借鉴。在这个追求高效率的社会里，抓不住效率的绳索，就会被高效率的机器甩出十万八千里。没有效率意味着死亡。不投资大脑也就意味着没有效率。

1. 把工作分类

工作大致可以分两类：一类不需要思考，直接按照熟悉的流程做下去；另一类必须集中精力，一气呵成。对于这两类工作，所采用的方式也是不同的。对于前者，你可以按照计划在任何情况下有序地进行；而对于后者，则必须谨慎地安排时间，在集中而不被干扰的情况下进行。

2. 定时完成日常工作

每天都需要做一些日常工作，如打扫卫生，保持良好的工作环境；查看电子邮件，与同事或上司交流；浏览网页等。那么，每天预定好时间集中处理这些事情，通常安排在上午或下午开始工作的时候，而在其他时候就不要做这些事情了。

3. 及时寻求帮助

对于熟悉的工作和操作，需要加快速度，保质保量完成。对于自己工作中不太熟悉的技能和工作，要及时向同事或上级寻求帮助，以加快工作进程。

4. 提高执行力

提高做事效率，其中重要的一项是提高执行力。要提高执行力就要做到加强学习，更新观念。日常工作中，我们在执行某项任务时，总会遇到一些问题。对待问题有两种选择：一种是不怕问题，想方设法解决问题，千方百计消灭问题，结果是圆满完成任务；另一种是面对问题一筹莫展，不思进取，结果是问题依然存在，任务也不会完成。反思对待问题的两种选择和两种结果，我们会不由自主地问道，同样是一项工作，为什么有的人能够做得很好，有的人却做不到呢？关键是思想观念认识和对待时间态度的问题。

心理减压法

减压启示

投资大脑，为未来准备知识，知识和经验能使你在新的形势中迅速找出规律。你找出的规律越多，你的效率提升越快，你在各种情况下做出抉择、采取行动的速度就越快，你的时间节省得也就越多，这会使你迅速走入成功者的行列。

工作中多沟通，善于寻求帮助

俗话说："一个篱笆三个桩，一个好汉三个帮。"在公司里，如果你不懂得或不善于利用他人的力量，光靠单枪匹马闯天下，是很难施展才华的。在工作中，身边许多方面的人际关系都需要我们去斡旋，其中最主要、也是我们最容易忽视的就是与上司、同事的沟通关系。与上司和同事做好沟通，与之建立和谐的关系，我们才能更轻松地应对工作。

一位职业女性这样讲述了自己的工作经历：我从事销售工作已经一年了，当时，我在一家公司为建筑施工企业的管理者提供建造师、监理师职业资格培训。这份工作最后以辞职收场，主要在于我与上司的意见不合。那时，公司在拓展南京市场后的一段时间里，我向上司建议拓展南京周边的市场，比如扬州等城市，以扩大市场占有率。随后，我就拟写了一个营销方案，但是这个营销方案没有得到上司的认可，他坚持要把南京市场做好。我对此十分生气，后来与上司大吵了一架，怒气冲冲的我对上司说："你没有战略眼光！"接着，我就辞职了。

虽然，她这种向上司建言献策的精神值得我们欣赏，但是，她与上司沟通的方式与态度却是不可取的，与上司因为意见分歧而争吵更是不可取的。作为一个下属，对上司说"你没有战略眼光"，将会直接激化其与上司的矛盾，最终，她并没有达到出谋划策的目的。因此，我们在向上司谏言时不仅要说到关键点上，同时也需要注意自己的表达方式与态度。一位公司的董事长这样说："作为上司，我希望下属能提供系统的问题和解决方案，而不是一些零碎的观点和牢骚。"

小雨刚到公司不久，主管就安排他与一位老同事写一份计划书，在确立计划书的方式时，小雨提出了自己的看法，可是，老同事却以不屑的眼光说道："小姑娘，你想邀功的心情我理解，但你才进来，还是低调点好，小心'枪打出头鸟'哟。"小雨心中很生气，但是她冷静地想了想，老同事是干了十几年的老职员，如果与老同事发生了矛盾，对自己今后的工作十分不利。于是，小雨诚恳地说："我其实并不想邀功，只是希望与您合作能够干出点成绩来，不管用谁的方案，报上去时都用您的名字，我就当好您的搭档。"听了小雨诚恳的话语，老同事终于同意了小雨的方案。

大多数老同事会凭着自己资历深厚，而对新人的言行举止百般挑剔、抵触或者根本不认同，处处干涉、事事指导，让一些职场新人无法施展自己的能力，工作总是被牵制。另外，一些老同事还有一定的戒备心理，他们在工作上很保守，不愿意指点、帮助新同事，害怕"教会徒弟，饿死师傅"。面对如此刁钻的同事，我们该怎么办呢？其实，只要我们言语中流露出对他的尊重或者赞美，对方就一定会被感动，并愿意成为我们工作中的合作伙伴。

1. 过好心理这一关

在工作中，我们与同事都是相互合作的关系，并不完全是互相竞争。毕竟把整个工作项目做好，才是最终目的。所以，当你在一些工作项目中遇到困难时，应该主动寻求帮助，不要认为向别人寻求帮助就是自己能力低下的表现，每个人都有擅长和不擅长的一面，或许你擅长的恰恰是对方不擅长的。而且，在主动求助的过程中，还可以建立和谐的同事关系。

2. 明白自己需要什么样的帮助

通常情况下，模棱两可的目标往往会导致模糊不清的结果。所以，当你向上司或同事求助的时候，需要明白自己到底需要什么样的帮助，这样可以增加成功的概率。同时，也可以节省一些时间。

3. 向具体的某位同事寻求帮助

假如你处在一个办公室，笼统地问是否有人愿意提供帮助，那他们就会觉得"估计是没什么事情才可以参与"，这样你获得自愿帮助的机会就很少。但是，假如你想好在同事中谁可以帮助你，那就直接去找这个人，这样你争取获得帮助的机会就会大很多。

4. 感谢对方的帮助

当对方协助你完成工作项目之后，一定要记得感谢对方的帮助，这样对方才会感到自己所花费的时间和精力是受到肯定的。而且，即便你以后需要帮助，也可以再请求他。如果对方需要你帮忙，你也应该答应，这样才能建立相互协作的关系。

5. 将功劳送给别人

假如老板和同事都夸你工作完成得很好，你应该让他们知道谁帮助了你，将功劳分一些给帮助你的人。这不仅会让帮助你的人心里感到由衷地高兴，也会给老板留下好印象。毕竟，聪明的管理者总是欣赏那些齐心协力为共同利益一起完成工作的人。

减压启示

在公司，我们接触最多的就是上司与同事，工作的事情需要向上司汇报，工作的细节需要与同事商量，他们无疑是我们工作中的核心人物。对此，需要与同事、上司做好沟通，建立好关系，或许只有这样，你的职途才会更加平坦。不仅如此，当我们需要帮忙的时候，应该主动寻求帮助，这样可以减轻工作上不少的压力。

心理减压法

做时间的主人，让压力减半

在生活中，尤其是职场人士，每天的日程表都被安排得满满的，需要很早起床，做早餐是他们一天的第一项工作，然后还要收拾餐具，然后匆匆地跑出家门。在单位里熬了八小时之后，还要拖着疲惫的身体回家，但是依然不能休息，因为还要做晚饭、收拾房间，有时还要洗衣服。可以说，上班族算是世界上最忙的人了，在他们的时间观念里根本没有闲暇时间这个概念。

有一次，卡耐基决定去巴黎拜访一个很多年没见的远房表姐。在卡耐基12岁的时候，表姐就远嫁到巴黎，他们已经很久没见面了，所以当表姐在巴黎见到卡耐基时非常高兴，嘱咐仆人好好招待他。不过，令卡耐基感到奇怪的是，表姐有了很大的变化，她消瘦了很多，而且整个人看上去没什么精神。卡耐基希望能与表姐聊聊，问她最近都在忙些什么。不过，表姐似乎并不想与他聊天，她看起来是那么地忙，好像卡耐基的突然到来令她有些措手不及。

当时，卡耐基到巴黎已经是傍晚了，表姐正打算出门，简单招呼之后，表姐就说："你先在家里休息一下，我现在必须得走了，因为我要赶着去参加一个非常重要的课程。"卡耐基只好答应下来，表姐则匆忙着出了家门。

吃过晚饭之后，卡耐基和表姐家的仆人聊天，并询问仆人："表姐最近过得怎么样？"老仆人告诉卡耐基："她最近过得很累，因为你的表姐夫之前丢失了一份好工作，现在她不得不和丈夫一起承担养家糊口的责任。虽然她平时不需要做家务，但是她会利用每一分每一秒去赚钱，刚才她就是要出门去给小女孩上钢琴课。"听到这样的话，卡耐基很吃惊，问道："难道她就没有时间来休息吗？"老仆人叹口气："她非常繁忙，假如一个人可以不睡觉，我想她会24小时都在工作。"

听了老仆人的话，卡耐基总算明白表姐为什么变化那么大了，原来一切都是忧虑而导致的，而最终的源头在于没有多余的时间来休息。

亚里士多德曾说："人唯独在闲暇时才有幸福可言，

恰当地利用闲暇时间是一生幸福的基础。"确实,闲暇时间对于我们每一个普通人是至关重要的,尤其是对于职业女性。精神科主治医师约翰·克雷曾说:"人的精神如果总是处于紧张状态的话,很容易导致各种精神疾病的产生,而合理充分地利用闲暇时间则是缓解精神紧张的最佳方法。

1. 制订一天时间表

每天需要空出15分钟制订一天的时间表:写下自己要完成的这一天的任务;给这一天的任务制订时间顺序;预计每件事情所需要的时间;给每件事情分配时间;把每项事情都填入时间表,提醒自己某个时间段应该做什么。

2. 接听电话的技巧

如果在接听电话时不注意技巧,也很浪费时间。我们应掌握一些接听电话的技巧,比如,避免太多关于工作以外的闲谈;及时地用笔和纸记下重要的东西;准备好说什么;给出确切的答复;不要在做非常重要的事情时打电话;认真听电话的详细内容。

3. 注意电脑资料的整理

假如使用电脑不当,也会很容易浪费时间。我们可以在系统中创建工作文档;把需要长期保存的文档移入合适的文件夹，并及时删除不需要保存的文件；在桌面上创建快捷方式，便于直接进入工作文档。

4. 制订待办工作清单

制订待办工作清单，如每天待办清单、项目待办清单、长期待办清单。这样可以帮助你分配个人的精力，帮助你更有效地规划每一天，从而使你事半功倍，目标明确。

5. 防止别人的打扰

遵守"办公室保持安静"的原则，防止同事找你无休止地聊天、闲谈而浪费双方的时间。当你正在构思一个重要方案、计划，或者与重要客户打电话时，可以关上办公室的门，这样可以防止别人的打扰。

6. 提高工作效率

其实，合理地安排时间，有秩序地处理手头的工作是提高工作效率的最佳办法。只要工作效率提高了，拥有闲暇时间就不是一件不可能的事情。现代社会，科学技术每天都在以惊人的速度发展着，很多帮助人干活的机器都被发明出来了。虽然这些东西比较贵，人们可能会觉得没有必要购买。但是，假如可以花很少的钱来换取快乐的感觉，那么人们就会毫不犹豫地做出选择。这些机器为你节省了很多时间，让你能够得到充分的休息和放松，这样你就有愉快的心情和充沛的精力去迎接新的工作了。

7. 利用闲暇的时间

当然，并不是拥有了闲暇时间就能达到我们所要的效果。其实，假如我们不能充分利用这些闲暇时间，还是没办法起到事半功倍的效果。那么究竟该怎么办呢？很简单，找一些自己最感兴趣的事情，比如你喜欢文学，那就利用闲暇时间多读书；假如你喜欢音乐，那就利用闲暇时间多听听歌；假如你喜欢诗歌，那不妨在闲暇的时间写上一首诗；假如你真的太累了，那不妨好好睡上一觉。当然，利用闲暇时间的准则就是让自己过得愉快、充分享受。不过，假如你的行为可以间接地充实自己，那就更加完美了。

减压启示

随着社会环境的变化，人们面临的生存压力也越来越大，因此很多人开始忽视闲暇时间。他们把享受闲暇时间看成是一种浪费生命的行为，认为那种做法会让自己陷入困境。实际上，为了能够适应整个社会环境，人们必须学会给自己减压，让自己得到放松。否则，压力会让你精神衰弱、情绪紧张，继而剥夺你的快乐和幸福。

享受当下的工作，自然能减小压力

戴尔·卡耐基说："仅仅'喜爱'自己的公司和行业是远远不够的，必须每天的每一分钟都沉迷于此。"在生活中，我们经常听到有人抱怨："工作一点也不快乐，很累，目标难以实现，做事处处碰壁，成功总是那么遥遥无期。"似乎工作对他们来说一点乐趣都没有。其实，只有那些对工作缺乏激情的人才会觉得工作很累，他们没有办法享受到工作的乐趣。作为上班族，要想在职场中拼出属于自己的一片天空来，就需要点燃自己对工作的激情，学会享受工作。

在美国标准石油公司，有一位小职员叫阿基勃特，他在出差住旅馆的时候，总是在自己的签名下面写上"每桶四美元的标准石油"字样，甚至在书信收据上也写下这几个字。因此，他被同事们叫作"每桶四美元"，而他的真名倒没人叫了。

公司当时的董事长洛克菲勒知道这件事的时候，他说：

心理减压法

"竟然有职员如此努力宣传公司，我倒要见见他。"于是，洛克菲勒邀请阿基勃特共进晚餐。后来，洛克菲勒卸任，阿基勃特成为第二任董事长。

到底是什么力量促使阿基勃特长年累月地这样宣传公司呢？当然是对工作的激情，以及对本职工作的热爱。他在自己的签名下写上"每桶四美元的标准石油"，并在书信收据上写下同样的字样，在这个过程中，他是享受的，这源于对工作的激情，他从来不觉得那是自己的负担。

江总是一位讲究严谨的人，在工作中，她会用十二分的热忱去对待每一件事，要求很严谨，一丝不苟，兢兢业业。身为一个女企业家，她身上最值得我们学习的就是她对工作的那种激情和严谨态度，任何时候，只要一提到工作的事情，她就显得兴致勃勃。

当记者问道："作为女性，在房地产领域打拼，比男性面临更多的挑战，那么，您在工作中如何调节自己？"江总笑了笑，回答说："作为女性，我要学会在工作中实现自己的人生价值，这样我才能在工作中得到快乐。工作是生活的一部分，生活其实就是在工作，只有把工作当成了自己的毕生事业，才能在工作中享受到快乐，生活才能更加充实。快乐生活，与企业一起变老。"

只有那些对工作有激情的人，才能享受到工作的乐趣。在生活中有这样一些人，他们明明有一份很好的工作，报酬也不算低，但总是不满意，他们缺乏对工作的激情，看不到工作的意义，找不到自己的位置和价值，自然，他们也享受不到工作的快乐，有的只是抱怨和烦恼。他们只是把工作当成谋生的手段，甚至当作负担。所以，如果你还拥有一份不错的工作，请保持对工作的激情，学会享受工作，使自己的人生价值在工作中得到彰显与展现。

1. 在工作中展现自我价值

约翰·洛克菲勒说："工作是一个施展自己才能的舞台，我们寒窗苦读来的知识、我们的应变力、我们的决断力、我们的适应力以及我们的协调能力，都将在这样一个舞台上得到展示。除了工作，没有哪项活动能提供如此高度的充实自我、表达自我的机会以及如此强的个人使命感和活着的理由，工作的质量往往决定生活的质量。"正因如此，真正的享受与快乐都尽在工作之中。

2. 工作不仅仅是谋生的手段

对许多人来说，工作只是谋生的手段，他们一方面在抱怨工作的累，另一方面在期望能拿更高的薪金。如此，便把自己搞得狼狈不堪。其实，我们需要重新看待自己的工作，工作不仅是谋生的手段，其本身就是人生的内容。对于每一个人，最痛苦的不是贫穷而是无事可做。或许，当你还不是很富有的时候难以体会到这一点，但那些富人们却深有体会。

3. 热爱你的工作，激发对工作的热情

那些世界级的富豪们，为什么他们的钱多得可以用几辈子，但他们还是努力工作呢？这源于他们对工作的激情以及他们热爱自己的工作。萨默·莱德斯通说："实际上，钱从来不是我的动力。我的动力是对于我所做的事的热爱。我有一种愿望，要实现生活中最高的价值。"这或许是对那些富豪们为什么还努力工作的最好回答，工作本身给我们带来的物质享受是低级的、暂时的，而在其中体验到的精神上的愉悦才是长久的、深刻的。

减压启示

俗语说得好："纵有房屋千百间，睡觉只需三尺宽；纵有良田千万顷，一日只能吃三餐。"对每一个人来说，人

生的享受与追求不仅满足于生存的需求，还有更高层次的需求，也就是实现自我。因此，应该对工作有激情，这样你才能享受到工作中的快乐。

09

寻根究源：你的压力到底是从哪里来的

生活中，工作、家庭带给人们的压力无疑是最重的，不仅要生存，更要做好事业，所以考虑的事情往往很多。神经变得紧绷，内心充满焦虑，这常常令人们无所适从，事情也无法做好，然后这样的焦虑再转变成压力。那么，你的压力是谁造成的呢？

心理减压法

做事方式不正确，易产生疲劳

卡耐基说："良好的工作习惯可以让人有效率地工作，自然可以减轻一个人的疲惫感，当然也可以帮助人们消除内心的忧虑。"有这样一句俄罗斯谚语："巧干能捕雄狮，蛮干难捉蟋蟀。"这句话道出一个普遍的真理，即做事需要讲究方法，巧干胜于蛮干。埋头做事是好事，但如果你使用了错误的方法，只会让事情越来越忙，自己也越来越感到压力大。生活中，没有一成不变的事情，处理不同的问题，需要我们因时因地制宜，采取不同的对策。所以，在做事情的时候，需要一种求实的态度和科学的方法，在任何情况下都要按科学规律办事，找准方法，这才是缓解压力的诀窍之一。

威廉多年以来一直担任某出版公司的高层主管。

在过去这么多年来，威廉每天都需要把一半的时间用来开会和讨论问题，比如这个问题应该这样，还是那样？或者这个问题是不是根本不用理会？这时他都会表现得异常紧张,坐立不安,在房间里走来走去,与下属讨论,不停地争辩,一个会议可能开到晚上,散会时,威廉总是感觉到精疲力尽。

在这样的日子重复很多年之后,威廉以为他这一辈子都会这样,不过,他也在想,或许会有更好的办法。

威廉的秘诀是:第一,马上停止会议中一直使用的程序。比如,在以前,他会跟那些同事先报告一遍问题的细节,最后再询问"我们该怎么办呢"。第二,订下了一条新的规矩,任何人想要问他问题,必须事前准备好一份书面报告,并准备着以下问题:

(1)到底是出了什么问题。在过去会议一般都要开一两个小时,但是大家还弄不清楚真正的问题在哪里,大家经常讨论问题,却不愿意提前写出所讨论的问题究竟是什么。

(2)是什么导致了问题的出现。回想过去的会议,他惊奇地发现,虽然在这种会议上浪费的时间很多,但最后都没有找出是什么导致了这个问题的出现,也就是说,这个会议根本没有达到预期的效果。

(3)怎样解决这些问题。出现了问题肯定需要解决,在过去的会议上,只要有一个人提出了一个解决方法,就有其他的人为此跟他争论,于是大家也就争论起来,结果常常说着说着就说到了别处，直到开完会，还在进行那个题外话。

当他提出这样几个问题之后，他说："过去那些跟我一起开会的人，经常会在会议上绕圈子，却从来没有提出过切实可行的解决方法，现在，我的下属很少会把他们的问题拿来找我了，因为他们发现在需要回答我上面这几个问题之后，他们已经在仔细思考问题了，当他们做了这些之后，就发现大部分问题都不需要再来找我商量了。"

以上就是威廉如何摆脱无形的工作压力的例子，在过去，每结束一个会议，他总感觉很累，而且更糟糕的是问题还没得到解决，既浪费了时间，又觉得根本没达到自己想要的效果。这样长此以往，最终的结果是他越来越害怕开会，甚至他听到"开会"这两个字都打不起精神，这其实就是一种无形的压力，它不断地使人否定自己，打击自信心，最终事情就会在压力的重压之下变得更糟糕。

那么，如何保持正确的做事方式呢？这里有一些秘诀，可以帮助我们找到正确的做事方式，从而使压力得以缓解：

1. 尽早处理手头的事情

假如你的办公桌堆满了乱七八糟的东西，那么仅是这表面的东西就足够令人产生焦躁的感觉了，而且看似杂乱的文件会令人有一种错觉：还有这么多工作需要我去做吗？但是时间已经所剩无几了。

2. 按事情的重要程度来排序

全美事务公司的创办人亨瑞·杜哈提说："不管我出多少钱的薪水，都不可能找到一个具有两种能力的人，这两种能力是，第一，能思想；第二，能按事情的重要次序来做事。"当然，永远按照事物的重要性做事并非那么容易。但是，假如制订好计划，先做计划上的第一件事，那绝对比你随便做什么事情要有效得多。

3. 遇到问题时，尽可能当场解决

因为每次开会都要花费很长的时间，在会上总会有许多问题需要讨论，却不容易形成决议。最后，参加会议的每一位都不得不带着一大包文件回家细看。所以，遇到问题时，应尽可能当场解决，绝不拖延时间。

4. 学会组织、分权和监督

许多人做任何事情都是亲力亲为，他们不懂得将责任分摊给其他人，结果自己累死累活，还烦恼一大堆。在这样的情况下，即便一件小事情也会让他忙得够呛，他总感觉时间不够用，焦虑和紧张。尽管分权不是那么容易，不过，这并不表示我们不需要分权，分权事实上是领导者们避免忧虑、紧张和疲惫的最佳方法。

减压启示

爱因斯坦说："成功=艰苦的劳动+正确的方法+少谈空话。"许多人每天瞎忙，他本以为自己已经够拼了，但为什么压力还是那么大呢？忙并不代表你努力，"做事"的方式最重要。正所谓"一分耕耘，一分收获"，努力是很重要的，但做事方法更重要，如果方法错误，那拼搏也只会带来无尽的烦恼。

不良的生活习惯会造成精神紧张和压力

你是否有这样一些习惯：早上若是感觉不怎么饿，就干脆不吃早餐，也省去了麻烦，如果实在需要吃早餐，也会去小摊买点油炸食品；中午休息时间太短了，直接到快餐店来份午餐，匆匆解决掉；晚上几个朋友一起喝酒聊天吃火锅，玩得不亦乐乎；直到深夜了还会在街上吃点夜宵再回家……

现代社会，不管是工作还是生活都给人们带来无形的压力，使人们总感觉疲惫不堪，烦躁不安，或者焦虑，这对身体健康十分不好。或许你会问，到底是什么让自己的压力怎么也减少不了呢？实际上，有些压力来自你自己的一些生活习惯，如上面这样不良的生活习惯。

甚至，强大的压力还会导致人们的身体进入亚健康状态。可能有人还在疑惑，亚健康到底是什么？用比较通俗的话说，就是你已经接近生病了，虽然从表面上看不出什么具体的症状，自己也没有明确地感觉到身体上有不舒适的状态，但是也许就在你转头的那一刹那，疾病就出现了。当真

心理减压法

正的疾病来临,你可能还在迷惑之中:身体不是好好的吗,怎么说病就病了呢?其实,这就是你没有及时地认识到自己的身体已经处在了亚健康的边缘。

梦洁刚刚大学毕业,在家人朋友的帮助下找了一份不错的工作,每个月薪水不少,唯一的不足就是太忙了,忙得都没有睡觉的时间。所以,早上为了能赖那么十几分钟的床,她索性就省去了早餐。有时候,闻着隔壁小吃店的美味,也忍不住买点东西吃。但是,她从来不喝牛奶吃面包之类的,她觉得那样的饮食搭配显得索然无味,还不如吃点油炸食品。

中午的时候,别的同事都出去吃饭了,梦洁还在公司忙碌着,她经常都是点外卖,吃着快餐店的饭菜。在她看来,中午这顿不用花多少心思,因为白天大家都忙,还不如留着肚子晚上吃个痛快。傍晚,梦洁结束了一天的工作,邀约几个好朋友去酒吧玩,喝酒唱歌跳舞,好像要把白天工作所带来的负荷都摆脱得一干二净。玩到很晚,大家才散伙,因为在酒吧只顾着喝酒,这时候她才发觉饿了,于是又吃着路边的烧烤,或者回家煮包泡面。

她从来没有觉得自己的饮食有什么问题,直到最近她觉得身体不太对劲。在医院，当医生把"亚健康"这样的词语抛给了梦洁，她有些不相信，自己才刚刚大学毕业，正值青春年华，怎么会处于亚健康状态呢？医生笑着说："就是你们这个年龄，自认为年轻身体很好，不珍惜身体，不注意饮食，所以，你们要特别注意自己的饮食习惯，否则还会引发身体疾病。"梦洁拿着医师开的营养饮食清单，心里却在想，自己还真舍不得那深夜的美味烧烤呢！可是，另一面又是身体的健康问题，她陷入了纠结。

也许，我们身上都有梦洁的影子，不讲究早餐午餐的营养，却贪恋深夜的美味烧烤。但是，如果不良的饮食习惯和身体健康摆在面前，自己又会做出什么样的选择呢？虽然受到了医生的警告，但有的人还是"不见棺材不掉泪"，任性地折腾自己的身体，直到躺在了医院才发现事情的严重性。其实，在这样的情况下，我们应该做出正确的选择，舍弃不良的生活习惯，摆脱亚健康的影子，恢复自己的身体健康。当你身体处于健康的状态，心情自然会好起来，也会使压力得到缓解，工作也有劲儿了，你会发现生活原来是那么美好！

美国《赫芬顿邮报》近日总结了10种会诱发压力的不良

生活习惯，各位不妨自我检测一下：

1. 沉湎于数字媒体

这种行为会导致自己产生孤独感、工作倦怠感。

2. 压抑感情的宣泄

压制情绪会让压力内生化，从而对身心健康造成负面影响。采用积极的方法应对造成压力的事件，就能增强对它的掌控能力。

3. 久坐不动

研究表明，缺乏运动会给人的生理和心理带来挫败感，锻炼能很好地克制焦虑情绪。

4. 为金钱不顾兴趣爱好

有大量的心理学研究表明，财富会引发压力效应，破坏幸福感。很多人相信钱可以使我们感到幸福，但事实上，除了那些极度贫困的人，钱并不一定能买来幸福。

5. 追求完美

普通人不要刻意去追求完美，力争把事情做好即可。培养感恩之心有助于完美主义者适度降低他们的预期水平，从而减轻压力水平。

6. 对一切事情过度分析

反复思考只会增添更多的焦虑情绪，对女性来说更是如此。

7. 购物成瘾

物质至上主义者会增强压力的不良效应。

8. 介入别人的压力

大脑很敏感，当人们接近别人的压力圈时，就会发出感到担心的信号，让人容易做出承受压力的效仿行为。

9. 认为压力所引起的睡眠障碍不重要

短暂的压力并不会影响睡眠，但不重视这种现象，进而导致长期缺乏睡眠，会让人更难处理压力。

10. 过分注意自己的财务状况

为了达到收支平衡而努力奋斗不仅会引发焦虑感，还会影响到认知能力。

减压启示

不良的生活习惯会给我们带来无形的精神压力，在不知不觉间占据内心，赶走快乐，使人们变得更加焦躁不安。如果你感到一些无形的压力，那么先来自我检测一下，你是否存在这些不良的习惯呢？如果存在，那就想办法改掉这些不良习惯吧！

心理减压法

看重疲惫感，疲惫就会找上你

过度强调自己有多累，其实会让自己身心紧绷。英国最有名的心理分析学家海德费，曾在著作《权力心理学》中说："我们感到的大部分疲惫，都是心理影响的结果。其实，纯粹由生理引起的疲劳是很少的。"也就是说，在生活中，我们所感到的疲劳，大部分是精神和情感因素所引起的。事实上，大脑是完全不知道疲倦的，即便工作8小时甚至12小时之后，大脑的工作效率也会像刚开始工作那样高。那么，在现实生活中，到底是什么让我们感到疲惫呢？

其实早在几年前，科学家们就尝试着找到人脑工作多长时间会感到"超负荷"，即疲劳的科学定义。试验的结果令人意外：当大脑在工作时，通过人脑的血液丝毫没有疲惫的迹象。不过，科学家从这些正在工作的工人们的血液中发现，那里面却含有许多疲劳毒素和疲劳产物。人们之所以会疲惫，大多是情感或心理的因素引起的。

琳达深谙一种放松自己的方法。小时候，她偶遇一位老人。当时她摔了一跤，膝盖碰伤了，手腕也扭伤了，那位老人看见了，赶紧将她扶了起来，并用手拍掉她身上的灰尘。然后，老人对她说："你不知道如何放松自己，所以你摔伤了。来，我来教你一种方法，你应该假装自己软得像一双袜子，像一双穿旧了的袜子。"然后，那位老人开始教她和其他的孩子如何跌倒不会伤到自己，如何跳，如何翻跟头，并告诉琳达自己曾经在马戏团当小丑，所以熟悉这些技巧。

最后，老人再一次强调："假设你就是一双旧袜子，将自己想象成一双旧袜子，那就可以放松全身了。"

布列尔博士是美国著名的心理分析学家，他曾说："一个长期坐着的工人，假如健康状况良好，那他的疲惫百分之百是受心理因素以及情感因素的影响。"在现实生活中，许多因素都会导致人们疲劳，比如呆板、懊悔、不受赏识以及慌乱、焦急、忧虑等。这些因素都将导致人容易疲惫、容易感冒，导致工作成绩有所下滑。人之所以感到疲惫不堪，是因为他们的情绪使身体变得紧张。

努力工作本身很少引起疲惫。导致身体疲劳的三大原因是忧虑、紧张、情绪不安。工作状态的肌肉是紧绷的，要学会放松自己，从而为其他更重要的事情省力气。或许，现在你可以自我检查一下：照镜子，是否发现自己正在皱眉，是否感到眼睛酸痛，是否正躺在椅子上休息，是否感觉肩膀酸涩，是否感觉浑身绷紧。假如你的肌肉正处于紧张的状态，那表示你正在人为地制造疲劳。所以，请放松自己吧，整个人瘫在椅子上，好好休息。

1. 随时随地放松自己

生活中有一种动物跟袜子一样慵懒，那就是猫。不管它是躺在地上晒太阳，还是躺在你怀里睡觉，猫都会很放松自己的身体，所以，当你找寻不到放松的方法，不妨学学猫的动作。

2. 工作时保持舒适的姿势

在工作中，应尽量让身体保持舒适的姿势。尽管大部分的疲惫是出于心理或情感方面的原因，不过身体的紧张会让肩膀酸痛，因此带来精神上的疲惫。

3. 保持自省的习惯

每天保持自我检查的习惯，至少5次，比如问自己："我是否使用了与工作无关的肌肉，自己是否让工作变得比实际上更繁重。"养成自我检查的习惯，无异于养成自我放松的好习惯。

4. 了解自己的疲惫状态

工作一天之后,需要及时了解自己的疲惫状态,即到底有多累。假如这一天感觉非常累,那就应该反思自己一天的工作是否有欠缺。当一天结束的时候,问自己:"我到底有多累?假如我感到劳累,这不是我过分忧虑的缘故,而是因为我自己做事的方法错了。"

减压启示

不要过多强调自己有多疲惫,而是要考虑如何放松全身。有人或许会问,是先从思想上放松呢,还是心理上放松?在这里,我需要告诉大家的是,应该先放松肌肉。当我们需要放松眼部肌肉的时候,可以让身子往后靠,闭着双眼,然后告诉自己:"放松!别紧张!放松!别紧张!别皱眉!放松!"假如我们可以重复这个动作一分钟,双眼马上就可以放松下来。

心理减压法

不要总把自己看成中心人物

生活中，有的人习惯与自己过不去，不断地苛责自己，他们最常用的方式就是把自己当焦点，注意自己的一言一行，好像有了一点点疏忽，自己就成了大罪人一样。他们就好像在不断地讨好身边所有的人一样，如果看见别人的眼光不一样了，他就觉得内心恐惧，一种莫名的担心就来了：我是不是做得不够好？实际上，生活中，每个人有每个人的生活方式和言语行为，根本没人在意你今天说了什么，做了什么，千万不要一厢情愿地把自己当成焦点。如果你觉得别人在观察你，注意你，在意你，那也是因为你太过较真了，每天人们都有很多事情需要考虑，他们根本没有多余的时间和精力来观察你到底说了什么，做了什么，或者说哪些事情没做好。

小资是一名歌手，以前，她也有过抱怨的时候，每次上节目，她都会抱怨："我太辛苦了，实在受不了压力太大的生活，有时候很在意歌迷和媒体的看法和评论，我一年发行两张专辑，但是，自己又想把工作做得更好，这样的工作量简直令我崩溃。"以前的工作时间安排得很紧，如果白天上通告做宣传，晚上还要去录音棚完成下一张专辑的录制，这样的生活超出了小资可以承受的范围，每天她都感觉很累，但是，心中的怨气却无处诉说。最后，在内心快要崩溃的时候，她选择了退出歌坛。

在四年的休息时间里，小资做了很多自己喜欢的事情，她说："以前大家都是看我怎么变化，现在我是用自己的脚步来看大家的改变。虽然，现在我年纪大了，似乎变得老了一些，但是，年龄并不是我能掩盖的东西，我也想永远年轻，这不是我能控制的，可我却懂得了这就是时间给我的礼物。在我成长的过程中，我得到的最大一份礼物是不用费劲去证明自己，只需要做自己喜欢的事，跟着自己的步伐，在以后的时间里，如果我能完全坚持自己的选择，那就是最好的生活。"或许，小资的年龄大了一些，但是，正是这样一个年龄，是一个不需要去在意任何人眼光的阶段。最近，小资复出工作，在工作上，她已经与唱片公司达成了一致的意见，不需要拿任何事情炒作新闻，也不需要为了赢得名气而虚报唱片的销量，自己可以自由自在地唱歌，这是小资最喜欢的一种状态。她这样告诉所有的媒体:"我不在意任何人的眼光,我不是焦点,我只需要做自己喜欢的事情。"

一个人若是较真地将自己当成了焦点,他就会以人们心目中的标准来要求自己,他们很担心自己不能让所有的人满意,害怕在做错一件事之后受到大家的责备。即便没有人会在意,但他们内心已经背负了沉重的包袱,因为太过较真,所以活得很累。

小雨是店里新来的营业员,她是一个小心翼翼的女孩子,就连说一声"你好"她都只是微微点头,唯恐自己的言行让店长不太满意。其实,对于这样一个谦和有礼的女孩子,店长是很喜欢的。

小雨并不明白店长的心思,她每天都在担心自己的工作做得不够好,担心自己做错了事情。有一天,她在整理蛋糕的时候,不小心手抖了一下,小蛋糕摔在了地上,小雨害怕得眼泪流了下来,店长急忙安慰:"没事,没事,一会让师傅重新做一个。"可小雨心里好像背上了一个沉重的包袱,总在担忧:店长会不会因为这件事辞退我,我怎么这样笨呢？其他人工作总是做得那么好，可我……她越想越泄气，每天忧心忡忡，工作接连着出现了很多纰漏，店长疑惑了，这样一个女孩子到底为什么烦心呢？

在店长的再三开导下，小雨才道出了自己的心结，店长听了有些哑然失笑："这都是一些小事情，值得为这样的事情担心吗？工作中犯了一点小错，没有人会在意的，因为大家都在关注自己工作的事情，没有人会关注你，当初我当实习生的时候，犯下的错误更多，但我从来不担心，因为犯错了才能更好地改正错误，不是吗？"听了店长的话，小雨顿时觉得豁然开朗，自己并不是焦点，又何必去在意别人是怎么看的呢？

因为太在意别人的目光，我们的言行都会小心翼翼，如履薄冰，好像心中揣着一个炸弹，随时准备着逃跑，这样整日忧心的日子有什么快乐可言呢？其实，将自己当成焦点，那不过是自己在与自己较真，实际上根本没人会在意你的言行。

1. 你不需要让所有的人都满意

大多数人都有这样的经历：上学的时候，父母总是指着隔壁的孩子说："瞧瞧人家，成绩多优秀，你得向他看齐。"大学毕业了，父母长辈都说："还是当个老师，或者考考公务员，这才是铁碗饭，其他的都不是什么正当的工作。"工作的时候，上司总是告诉你这样不对，那样不对。我们生活的最初点，似乎都是在让所有的人都满意，而从来没有让自己满意过。事实上，我们要懂得这样一个道理：你不需要讨好所有的人，只有自己喜欢才是最重要的。

2. 做自己喜欢的

生活中，什么是快乐？其实，快乐很简单，就是做自己喜欢的事情，如果我们太过在意别人的眼光，总是不自觉地将自己当成焦点，那只会让自己身心疲惫。因此，学会做自己喜欢的事情，享受自己生活的世界，没人会在意你做了什么。

减压启示

只要不是太大的事情，通常情况下人们是不会在意的，任何人都不会成为大家的焦点，因为每个人的焦点就是他们自己。因此，不要苛责自己，也不要太把自己当成焦点人物，如果在做事情过程中有了一点疏忽，不要自责，因为没人会在意。

塞利格曼效应，谁制造了绝望

通常情况下，人们捕捉到的是小象，他们把小象养在木桩制成的范围内。小象曾想过逃跑，但是，那时候它力气还小，无论如何用力都对付不了木桩。时间久了，在小象内心深处就树立了一个牢固的信念：眼前的木桩是不可能被扳倒的。即使小象长大成了大象，它已经有足够的力量去扳倒一棵大树，却对圈禁它的木桩依旧无能为力，这是一个奇怪的现象。这种现象就是"赛利格曼效应"。通常是指动物或人在经历某种学习后，在情感、认知和行为上表现出消极的特殊心理状态。

美国心理学会主席塞利格曼曾做过这样一个实验：刚开始把狗关在笼子里，只要蜂音器一响，就给狗施加电击，狗关在笼子里逃避不了电击，多次实验之后，蜂音器一响，在给电击前先把笼门打开，这时狗不但不逃，反而是不等电击就先倒在地上开始呻吟和颤抖，本来可以主动地逃避，却绝望地等待痛苦的来临。塞利格曼把这种现象称为

"习惯性无助",那么,在人身上是否也存在着这一特性呢?沾染上"习惯性无助"的人会在内心给自己筑起一道永远的墙,他们坚信自己无能,放弃了任何努力,最后导致失败。

不久之后,塞利格曼进行了另外一个实验:他将学生分为三组,让第一组学生听一种噪声,这组学生无论如何也不能使噪声停止;第二组学生也听这种噪声,不过他们可以通过努力使噪声停止;第三组是对照,不给受试者听噪声。当受试者在各自的条件下进行一阶段的实验之后,又对他们进行了另一种实验。实验装置是一个"手指穿梭箱",当受试者把手指放在穿梭箱的一侧就会听到强烈的噪声,但放在另一侧就听不到噪声。通过实验表明,能通过努力使噪声停止的受试者以及对照组会在"穿梭箱"实验中把手指移到另外一边;但那些不能使噪声停止的人仍然停留在原处,任由噪声响下去。这一系列实验表明"习惯性无助"也会发生在人的身上。

习惯是一种自然,人们不自觉地沾染上习惯性无助,就会有一种"破罐子破碎""得过且过"的心态,而且,这种消极心态还有可能会传染给他人。有的员工在给客户打电话的时候,电话刚刚接通就开始说:"你们没有这个计划啊？那好，再见。"脸上没有失望的表情，似乎已经习以为常，即使上司告诉他"这个单子你去跟一下"，他也会无奈地表示："跟了也没用，他们没兴趣的。"这些都是生活中典型的"习惯性无助"，也许他们就是我们的一个缩影。

有一天，心理学教授罗伯特先生接到了一个高中女孩的电话，在电话里，女孩子带着沮丧的口吻重复着："我真的什么都不行！"罗伯特教授感觉到她的痛苦与压抑，他亲切地询问："是这样吗？"女孩好像对自己特别失望："是的，我和同学的关系不好，大家都不喜欢我，我的学习成绩一般，老师也不正眼瞧我，妈妈把所有的希望寄托在我身上，但我却无法满足她的愿望，我喜欢的男孩也不再喜欢我了，我已经感觉不到生活里的阳光了……"罗伯特教授追问："那你为什么要打这个电话？"女孩继续说："不知道，也许是想找个人说说话吧！"经过了一番交谈，罗伯特教授明白了女孩的问题——习惯性无助，却又缺乏鼓励。假如一个人长时间在挫折里得不到鼓励与肯定，就会逐渐养成自我否定的习惯。

接着，罗伯特教授说："我觉得你有很多优点，有上进心、是个懂事的孩子、说话声音很好听、很有礼貌、语言表达能力强、做事情认真、能够与人沟通……你看看，我们才聊了一会儿，我就发现你有这么多的优点，你怎么能说自己什么都不行呢？"女孩惊讶地问："这能算优点吗？没有人这样说过呀？"罗伯特教授回答说："从今天开始，请把你的优点写下来，至少要写满10条，然后，每天大声念几遍，你的自信心会慢慢回来，要是发现了新的优点，一定别忘了要加上去啊！"

教授罗伯特先生这样告诉他的学生："在我们的身边，可能也有许多像这个女孩一样，在经历过挫折之后就觉得自己什么都不行，但是，我希望你们今后彻底打消这种念头，无论什么时候，在做任何事情之前，都不要急于否定自己。"

1. 经常说自己不行，最后真的不行

经常把"我不行""我不能"挂在嘴边，这是愚蠢的做法。心理暗示的作用是巨大的，经受某个挫折后就断然给自己下结论"不行"，实际上是给了自己一个消极的心理暗示，时间长了，你真的会习惯性地说"我不行"。

2. 可怕的不是环境，而是面对失败的态度

多次失败之后，人们成功的欲望就减弱了，甚至会习惯失败而不采取任何措施。其实，可怕的不是环境，不是失败本身，而是这种无能的感觉，以及我们面对失败的态度！当习惯成了自然，习惯性无助就会粉墨登场——让人破罐子破摔，得过且过。

减压启示

人们常常在经历了一两次挫折之后，就好像失去了挫折免疫能力，他们对于失败的恐惧远远大于成功的希望，由于怀疑自己的能力，他们经常体验到强烈的焦虑，身心健康也受到影响。而且，他们认定自己永远是一个失败者，无论怎么努力都无济于事，即使面对他人的意见和建议，他们也还是以消极的心态生活。对这样的心态，我们应该尽量避免，正确评价自我，增强自信心，让心坚强起来，从而摆脱无助的境地。

参考文献

[1]金圣荣.超神奇的心理减压法[M].北京：新世界出版社，2012.

[2]王焕斌.心理学与心理减压[M].北京：中国纺织出版社，2017.

[3]辛克莱，赛德尔.正念减压[M].钱峰，译.南宁：人民邮电出版社，2016.

[4]王蕾，吕荇.空杯心态：一辈子受用的身心减压课[M].北京：中国华侨出版社，2013.